한글과 건축이 만나다.

건축과 ㄱ놀이

심 승 현

기 문 당

이 책은

우리 모두를
사랑하시는 하느님과

건축을 아끼시고
한글에 관심 있으신 분들과

저를 옆에서, 하늘나라에서
늘 지켜보는 가족들과
저를 아시는 모든 분들에게

바칩니다.

목차

6 기타 건축작품

0

우리나라 건축

이 책을 쓴 동기를 단 한 줄로 요약하라고 한다면 다음과 같다.

"대한민국 건축가들이 가장 잘할 수 있는 건축디자인방법론을 하나 만들어 보자."

지구상에는 많은 나라가 존재하고 있다. 이 많은 나라 중에서 대한민국이 나의 나라이다. 경제적 측면의 각종 지표에 있어 우리나라는 세계 10여 위에 속한다는 보도가 많이 나오고 있다. 이뿐만이 아니다. 2002년 6월, 우리는 축구로 인한 응원으로 대한민국이라는 응원의 함성소리로 세계인들에게 계속 웅알거리게 했던 시절이 있었으며, 2010년 야구경기를 통해 선진국으로 알려진 각 나라의 팀들을 차례로 꺾음으로써 외국인들에게 KOREA라 소개하면 엄지손가락을 높이 치켜들게 하였다.

그런데 우리에게 세계인들에게 당당하게 소개할 수 있는 우리의 건축가와 건축물이 있는가? 예전에 일본의 건축가인 안도 타다오 작품을 보러 여행을 다녀온 적이 있었다. 그 당시 서양 건축학도들이 우리 일행처럼 일본의 유명 건축가인 안도 타다오의 작품들을 보려고 답사를 다니는 모습을 본 적이 있다. 그렇다면 서양 건축학도들이 우리나라에 와서 우리나라 건축가들이 지은 작품을 볼 가능성은 얼마나 될까? 오히려 우리나라에 있는 마리오 보타, 다니엘 리벤스키드, 자하 하디드 등의 작품들을 보려고 우리나라에 방문할지는 모르지만, 우리나라 건축가가 설계한 현대 건축물을 보기 위해 오는 경우는 거의 없지 않을까 싶다. 물론 예전보다는 세계에 소개된 일부 한국건축가들의 작품도 있기에 그럴 가능성이 점차 높아지기는 했다.

또한 외국건축가들이 우리나라에 왔을 때에 보여주는 건축 작품들이 우리나라 건축가들의 최근 작품들이 아니라 한옥이 되곤 하는 것은 과연 좋은 일인가? 잡지에서 서양건축가들이 한옥을 보며 놀라워했다는 글들은 우리나라 기자들이 스스로 우리 자신을 위로하기 위한 방편으로 쓴 글이 아닌지 반성할 필요가 있지 않을까?

이제는 세계가 "인정"하는 대한민국 건축가가 나와야 한다. 인정이란 단순히 대한민국 국적의 건축가란 이유로 인정받는 것이 아니라, 그 건축가가 설계한 작품이 다른 국적의 사람에게는 볼 수 없는 독창성을 보여줌으로써 인정받는 것을 말한다.

그러나 독창성을 보여주는 것은 그리 쉬운 일은 아니다. 해방 이후 벌써 한 세대가 지나감에도 그리 뚜렷한 독창성을 보여주지 못한 데에서도 알 수 있다. 그러나 어느 순간 나는 한글을 건축에 접목함으로써 우리만의 독창성이 있는 건축물 또는 도시를 가질 수 있겠다는 생각을 한 순간 어느 누구처럼 "유레카"를 외치고 싶었다. 우리가 보기에는 웃음이 나거나 흔한 것처럼 여겨질 수 있어도 외국인이 본다면 독특한 디자인, 독특한 발상이라고 보리라 생각한다.

그렇다. 우리에게는 다른 민족이 가지지 않은 한글을 가지고 있다. 건축에 한글을 접목하는 방법을 하나하나 찾아낸 후 이를 'ㄱ놀이'라는 새로운 이름을 붙여주었다. 한글디자인방법론이라 부를 수도 있겠지만 진부한 느낌이 다소 들어 위와 같이 새로운 이름을 붙였다. 한옥에서 자잘한 나무부재에도 이름을 지어 애정을 갖고 불러주던 목수처럼 말이다.

어쩌면 여기서 제시하는 ㄱ놀이 방법에 의한 건축스타일은 이미 많은 작품에서 보여졌다고 생각할 수 있다. 그러나 보여졌다고 생각하는 모습은 건물 전체의 모습 중 극히 일부로만 표현되거나 주된 표현이 아니라 부수적인 표현인 경우가 많았다. ㄱ놀이라는 개념을 바탕으로 하여 모든 부분을 디자인한 작품들은 단순하게 한두 개의 요소에 디자인한 것에 그친 작품들과 비교하면 그 안에 품은 에너지의 질과 양이 확연하게 다르리라 확신한다.

대학교수인 나에게는 실제 건축물을 설계할 수 있는 여건이 현업을 하고 있는 일반 건축사들보다는 그리 좋지 못하다. 따라서 나 혼자만 간직하고 건축설계에 적용하여 다른 사람에게 영향을 주기란 수많은 시간을 보내야 가능하다. 또한 한글이 나만의 것은 아니다. 그렇기에 ㄱ놀이에 의한 건축디자인방법론을 나만이 아는 것으로 한정하는 것은 그리 좋은 생각이 아니라고 여겼다.

이 책을 통해 내가 구성한 ㄱ놀이의 건축디자인방법론을 제시함은 하루 빨리 다른 사람에 의해서라도 대한민국 건축가로 한정되는 것이 아닌 세계적인 건축가로서 우뚝 서기를 바라는 마음이다. 우리나라 대학이 아닌 세계 유명한 대학에서 많은 한국인이 건축설계교수로, 더 나아가 건축대학장으로 초빙되어 가는 날이 오기를 바라는 마음인 것이다.

ㄱ놀이에 의한 건축의 가능성에 대해 나 자신은 매우 확신하고 있다. 그러나 나 혼자만이 그런 확신을 갖고 있어서는 아무런 소용이 없다. 또한 단순히 "그럴 수도 있겠네."라고 머리로만 이해하고 행동으로 적극적으로 나서지 않는 분들이 많다면 이 글을 쓰는 나의 목표에 도달한 것이 아니다. 얼마나 많은 분이 이러한 나의 방법론에 적극적 태도를 보여주실 수 있을지는 모르기에 이 책을 내놓는 마음은 매우 조심스럽다. 어디로 튈지 모르는 럭비공처럼 두려운 마음이 가득하다.

〈그림 0-1〉은 내가 중국을 여행하다가 순간적으로 차 안에서 찍은 사진이다. 한글로 디자인할 수 있는 바탕이 될 건물 입면이 보이고 있다. 이러한 디자인은 누구보다도 한국인이라면 더 잘 할 수 있다는 생각이 들지 않는가? 외국 사람들은 독특한 디자인이라 생각하여 적용하는데 우리는 쉽게만 여겨서 그냥 버리거나 디자인으로 쓸 생각조차 안하는 것은 아닌지 한 번쯤 생각해 볼 필요가 있다.

〈그림 0-1〉 중국에서의 건물 입면 사진

「건축과 ㄱ놀이」라는 책을 써야겠다고 생각하게 된 또 다른 자잘한 동기들을 생각해보면 다음 세 가지였다.

나의 대학원 시절의 어느 수업 중 한 과제가 첫 번째 동기였다. 그 과제는 '우리나라 건축'이 주제였다. 우리나라 대표적 건축가인 김수근의 70년대 일부 건축물에서 일본풍이 보인다는 사건이 기폭제 역할을 해서 한참동안 우리나라 건축에 대해 많은 의견이 있었다는 이야기, 일본의 경우는 1960~70년대에 메타볼리즘, 안도 타다오 등에 의해 일본스타일 건축이 국제적으로 인정받는다는 의견 등 다양한 논의의 수업이었다. 그러나 좀처럼 현대건축에 맞는 적절한 한국건축 설계방법론을 찾을 수 없어 매우 답답하기만 했던 수업이기도 했다. 어느 학생은 '그냥 우리나라 사람이 설계한 것이 우리나라 건축'이라는 자포자기적 답을 내기도 하였다.

두 번째는 '교수건축가'라는 입장인 것이다. 예전에는 대학에서 건축설계를 가르치기 위해 박사학위가 필요했다. 그러나 요즈음은 석사학위에 건축사 자격증이 있다면 (물론 정확하게는 수년의 건축실무경력 또는 외국 공인의 건축사라면 가능성이 더 높다.) 대학에서 건축설계를 가르칠 자격을 취득하기가 매우 용이해졌다. 현재 나처럼 박사학위를 취득하고 건축사 자격증이 없는 교수들은 그 입지가 날로 좁아지고 있다. 박사학위를 취득하기 위해서 학칙으로는 3년이면 취득 가능하나 일반적으로 5, 6년 내지는 10년 정도 걸리는 경우도 있다. 이처럼 박사학위 취득을 위해서는 많은 노력을 기울여야 가능한 것임에도 불구하고, 앞으로는 제대로 인정받지 못하게 되고 운신의 폭이 좁아진 느낌이다.

그런데 이처럼 인정받지 못하는 그 이유에 대해 생각해 보면 아마도 이론과 실무를 제대로 접목한 '새로운' 설계방법론 등을 '건축가'가 아닌 '교수건축가'만이 담당할 수 있는 부분에 대해 명확하게 내놓지 못한 측면도 여러 이유 중 하나라는 결론에 도달했다. 그리고 '교수건축가'가 그동안 실무에 참여했다 하더라도 일반 건축가보다 더 좋은 작품을 내놓지 못한 것에도 있다. 또한 외국의 기성작가들의 작품이론만 분석해 내놓는 것에 그치고, 교수건축가 자신의 설계방법론을 새롭게 제시하지 못한 측면도 그 이유의 하나이다. 이에 여러 학생설계작품 공모전에 기성작가 작품의 유사물들로 채워진 모습을 어디가나 볼 수 있는 풍경이 되었다. 이러한 생각이 동기가 되어 '새로운' 설계방법론에 대한 나 혼자만의 탐구가 시작되었다.

마지막으로 나의 장애이다. 나는 귀가 어릴 때부터 안 들려서 보조기구에 의지하며 살아가야 한다. 보통 생각하면 장애는 단점 또는 마이너스라 생각할 수 있으나 잘 생각해보면 장점일 수 있다. 장애가 있기에 다른 사람보다 더 잘해야지 하는 마음다짐을 할 수 있었고 더 노력할 수 있었다는 생각에 도달할 수 있다면 장애는 너무나도 큰 장점이자 선물인 것이다.

그런데 이러한 나의 장애는 일반사람들

보다 '한글의 형태'에 대해 아주 조금이나마 관심을 더 가질 수 있는 토대가 되었다. 공기가 있다는 사실은 우리 모두 알지만 어떤 계기가 없다면 그 중요성에 대해 잘 인지하지 못하는 것처럼 나는 장애가 있기에 어떻게 하면 한글 발음을 잘할 수 있을까 고민해야 했고, 한글이라는 형태를 오랫동안 바라보기도 했다. 이러한 경험은 한글을 단순히 글과 말이 아닌 다른 시각에서 그 가능성을 보는 것에 도움을 주었다.

나는 글을 잘 쓰지 못한다. 논리적인 면이 많이 부족할 수도 있다. 사실 나는 이 책에 있어서 '건축과 ㄱ놀이'의 마지막 낱말인 '놀이'처럼 그냥 재미나게, 마당놀이처럼 신명나게 놀아보는 것에만 관심을 가져주었으면 하는 바람이 있다. 이러한 측면에 동의한다면, 1장만 읽고 그 규칙에 따라 놀기 바란다. 1장의 놀이방법이 너무 제한되었다는 생각이 든다거나 싫증이 난 경우에는 2장을 건너뛰어 3장을 읽으면 더 큰 놀이마당이 있음을 알 수 있을 것이다. 또한 이러한 놀이를 하더라도 그 이유와 배경 등을 하나하나 따져봐야지만 즐길 수 있겠다고 생각하는 분들은 다소 미흡한 내용이나 2장을 읽으시길 권유한다.

나는 세계 어느 건축에 관심이 있는 누군가가 우리나라에 방문해서 "여기까지 와서 이 작품을 안 보고 가면 평생 후회할 것이다."라는 말을 들을 수 있는 세계적인 건축가와 건축물이 나오기를 소망한다. 그것이 이 책에서 제시하는 ㄱ놀이에 의한 건축방법론이 아니어도 나는 상관없으며 세계적으로 통하는 건축디자인방법론을 제시하는데 하나의 작은 초석이 되기를 바랄 뿐이다.

이 책은 많은 분들의 도움으로 완성되었다. 마음 속 깊이 감사를 드린다. 특히 나를 낳아 길러주신 우리 부모님과 나의 곁을 항상 지켜주는 아내와 나의 아이들에게 고마움을 전하며, 아주 조그마한 일에도 행복을 느끼게 해주시어 삶을 풍요롭게 해주시는 하느님께 진심어린 감사를 드린다.

2016년 여름

사르므으 건축디자인연구실에서

1

ㄱ 놀이 규칙

101 건축과 놀이

'건축과 놀이'처럼 나란히 나열하는 것에 어떤 분은 아마도 나에게 화를 낼지도 모르겠다. "건축은 철학, 음악, 심리학 등 많은 것을 이해해야 할 수 있는 심오한 학문일진대 다소 천박하게 들리는 '놀이'라는 낱말과 동등한 서열을 지닌 것처럼 사용하는가?" 하며 불만을 표출할 수도 있겠다.

여기에는 건축설계에 대한 어떤 짐을 다소 덜어 버리고자 하는 의미가 담겨져 있다. 건축설계는 다른 디자인, 예술행위와 달리 많은 돈을 투자해야 비로소 실체화가 가능한 디자인이며 예술행위이다. 그렇기에 건축을 처음 설명할 때 빼놓지 않는 이야기 중 하나가 건축가와 시공자, 그리고 건축주에 대한 삼박자에 관한 것이다. 삼박자가 잘 맞아야 좋은 건축물이 될 수 있다는 것이다. 달리 말하면 이는 건축가라면 누구든 건축주를 설득하는 것에 많은 공을 들여야 한다는 것을 말해준다.

즉 건축가가 디자인요소를 도입할 때마다 건축주에게 도입에 따른 명확한 논리와 자료를 바탕으로 설명할 의무가 있다는 것이다. 건축을 설계하는 이에게는 이러한 측면에 대해 무시하지 못할 무게로 내리눌려 정신적 스트레스로 작용되기도 한다.

그런데 건축설계가 놀이라 하면 정신적 스트레스와는

다소 거리가 있다고 느껴지면서 즐겁게 쉽게 행동에 옮길 수 있을 것이라 생각했다. 또한 창의력 확장의 제한이 없어지면서 보다 큰 폭으로 가능하리라는 생각이었다.

어떤 행위가 놀이이기 위해서는 무엇보다 이해하기 쉬워야 한다. 누구나 쉽게 참여할 수 있어야 하며, 참관만 한다고 하더라도 쉬워야 한다. 놀이가 이해하기 어려워서 참여, 참관하기가 어렵다면 그 놀이는 도태되어 없어질 것이다.

그리고 재미있다는 감정이 어떤 놀이든 그냥 한다고 해서 쉽게 다가오는 것은 아니다. 우선 재미있으려면 보다 놀이에 집중할 수 있어야 한다. 즉 놀이에 집중력을 유발시킬 수 있는 요소가 내재되어 있어야 한다는 것이다. 집중력은 짧은 시간에 최대 효과를 볼 수 있는 힘이다.

또한 놀이에서 지루함을 덜고 다양한 재미를 느끼기 위해서는 수많은 사고, 다양하게 뻗어나갈 수 있는 사고, 틀에서 벗어난 사고를 해야 한다. 그럼으로써 놀이는 창조력을 발휘하도록 할 수 있다.

즉 '건축'과 '놀이'를 붙임으로써 건축에서 오는 스트레스라는 단점을 줄이고, 단순함에서 오는 집중력과 다양하게 덧붙일 수 있는 창조력이라는 힘의 장점을 늘릴 수 있다고 보았다.

놀이를 창안한다는 것이 그리 쉬운 일이 아니다. 내가 즐겨하는 놀이 중에 '레고(LEGO)'라는 블록이 있다. 어느 대학 건축과 교수가 이것을 즐겨하는 사진과 함께 대학을 홍보하는 것을 신문에서 본 적이 있다. 나 역시 그러하다. 벽돌과 같은 느낌이 있어 건축설계를 하는 사람으로서는 여느 타 장난감보다 많은 친근감을 느끼게 하는 장난감이다.

그런데 이 레고가 단순한 장난감에 그치지 않고 세계적으로 많은 사람들이 즐겨하기 위해서는 몇 가지 중요한 요소를 갖춰야 했다. 우선 그 중 하나가 맞춤이다. 레고 블록 아랫면이 보통 〈그림 1-2〉처럼 되어 있을 것이라는 선입견을 갖고 있는 사람이 있다. 그러나 실상은 〈그림 1-3〉처럼 되어 있다. '〈그림 1-2〉처럼 된다고 해도 쌓는 것에 문제가 없을 것 같은데...' 하는 생각을 할 수 있다. 물론 쌓는 것에 문제는 없다. 또한 〈그림 1-2〉처럼 된 다른 브랜드의 장난감도 있다. 다만, 레고는 '쉽게' 허물거나 다양하게 응용할 수 있다는 측면을 생각한다면 〈그림 1-2〉와 같은 형태의 장난감은 빽빽하거나 빠지지 않거나 덜 끼워져 나중에는 기우뚱할 가능성이 있다. 왜냐하면 붙는 표면적이 넓어서 그만큼 마찰력이 작용하여 아이들의 힘으로 뺐다가 끼우기에는 어려움을 호소할 가능성이 있다. 레고는 그보다 쉽게 고정되며 쉽게 탈착이 된다.

또한 레고는 정확하게 수직으로 올라가고 수평적으로 이어지는 재질을 갖고 있다. 다른 브랜드의 유사한 장난감에서 크기와 기존 벽돌과 유사한 것이 있다. 그런데 쌓다가 쓰러지면 아이가 다칠 수 있어 재질은 매우 부드

〈그림 1-1〉 아이들의 장난감 레고 윗면

〈그림 1-2〉 레고 밑면으로 예상되는 그림

〈그림 1-3〉 실제 레고 밑면

러우며 모서리가 둥글다. 이러한 측면 때문에 조금만 쌓다보면 정확한 수직이 되기가 어려웠다. 그리고 레고는 다양한 크기의 블록을 끼워 형태를 만들 수 있게 되어 있다. 유아들이 사용하는 레고 블록은 커서 아동들이 사용하는 레고 블록에 기가 막히게 붙일 수 있도록 되어 있다. 이처럼 장난감의 기본적인 것을 결정하는 문제조차 쉽게 결정해서는 안 된다. 오랫동안 레고가 사랑받는 이유는 그만큼 기본적인 것에 많은 고민들이 쌓인 결과인 것이다.

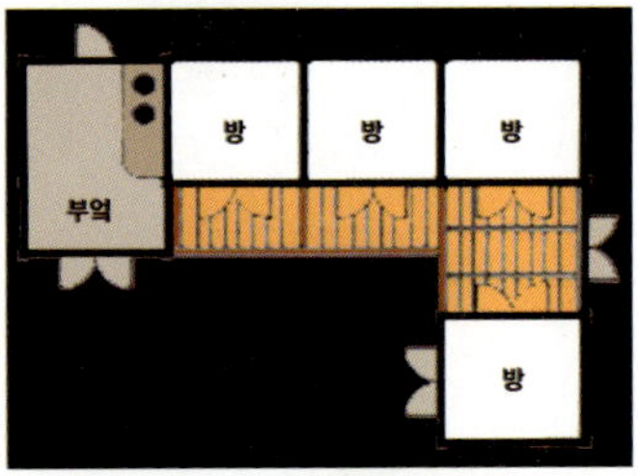

〈그림 1-4〉 ㄱ자집의 예

'건축과 ㄱ놀이'는 건축설계에 한글의 조형성을 접목시킨 것이다. 그렇다면 건축에 한글을 어떻게 접목할 수 있을까? 그간 건축에 한글의 조형성을 넣은 예가 없었던 것은 아니다. 〈그림 1-4〉는 평면도로 'ㄱ'자집으로 불리는 예이다. 〈그림 1-5〉는 건축 외관의 일부 요소를 'ㅁ'자 디자인을 한 예이다. 그러나 이러한 방법의 사례는 한글의 조형성을 적극적으로 도입한 것으로 보기는 다소 어렵다. 〈그림 1-4〉는 하늘에서나 보거나 또는 도면으로 봐야 명확히 인지할 수 있다. 반면에 〈그림 1-5〉는 길을 걷다가 느낄 수 있도록 건물 입면에 표현되어 있다. 그러나 한글이 아니더라도 사각형이라는 형태에서 비롯되어 외국에서도 쉽게 볼 수 있는 디자인이다. ㄱ처럼 보이는 〈그림 1-6〉은 사각형에서 좌측과 아래를 없앤 것으로 보면 외국에서도 볼 수 있는 형태이다. '건축과 ㄱ놀이'는 위의 사례와 다른 방법으로 한글 디자인을 표현하

〈그림 1-5〉 인사아트센터 외관

고자 한다.

건축을 바닥, 벽, 지붕(천장) 등 세 가지 요소로 구분하고, 이를 표현하는 것을 기본으로 한다. 그리고 일부 요소를 다른 요소보다 길거나 짧게 함으로써 한글로 표현될 수 있다. 즉 천장과 한쪽 벽을 같은 길이로 튀어나오게 표현하여 나머지 요소와 구분되어 보이게 디자인 한다면 〈그림 1-7〉처럼 'ㄱ'처럼 보이는 건축형태를 만들 수 있다.

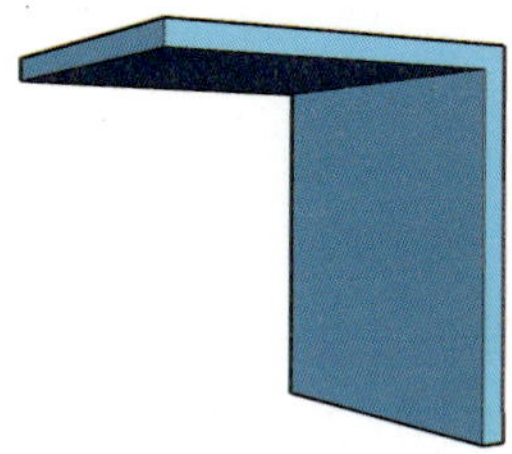

〈그림 1-6〉 사각형에서 왼쪽과 아래를 지운 사각형

'ㄱ놀이'라 하여 놀이에 'ㄱ'을 붙인 것은 한글의 첫 자음이라는 상징이 있기 때문이다. 그리고 다른 나라 언어의 첫 글자에 비해 역동적인 형태라는 측면도 있다. 영어의 'A'라든가 일본어의 'あ', 중국의 '天'(천자문에서 첫 글자) 등은 균형이 잡혀 안정적인 형태를 갖고 있으나, 우리의 'ㄱ'은 가만히 놔두면 옆으로 쓰러질 듯한 역동적인 형태이다.

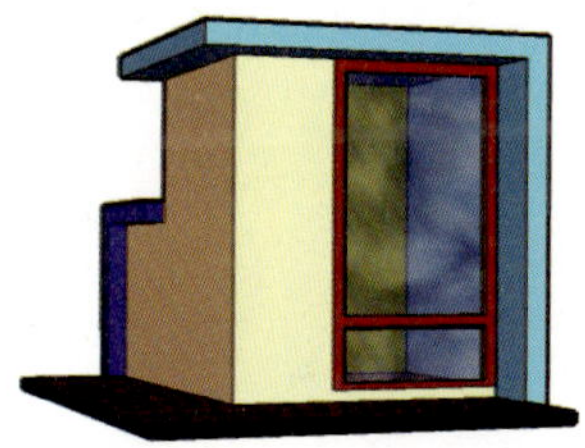

〈그림 1-7〉 ㄱ놀이에 의한 건축디자인 예

'ㄱ놀이'라고 놀이를 붙인 것에는 또 다른 배경 하나가 더 있다. 나는 건축이 어느 시점에서부터인지 몰라도 대중과 매우 거리감이 있어졌다는 것이다. 다시 말해서 매우 어려워졌다는 느낌이다. 쉽게 이해할 수 있어야 하며 보다 머리가 아닌 감성적으로 다가갈 수 있어야 하지 않을까? 왜 건축을 어려운 용어를 사용하여 이야기해주어야만 하는가? 명색이 교수인 나조차도 단번에 알아들을 수 없는 말들을 내뱉어야 보다 유식한 사람처럼 보이고 건축가가 고고한 사람처럼 보인다고 생각하는지 참 알다

가도 모르겠다.

축구, 야구가 세계에서 4강에 든 이유는 그 당시의 선수들이 열심히 뛰어준 탓도 있지만 그만큼 국민의 수준이 올라간 덕분으로 보고 있다. 그렇다면 국민에게 건축설계라는 분야에 대해 수준을 높이기 위해 한 일은 무엇인가? 그 방법의 하나로 대중이라면 알 수 있는 대한민국 건축을 대표할 만한 건축가가 누가 있는가? 김수근, 김중업이 있다 해도 그들은 우리만이 인정할 뿐, 다른 나라 건축가들이 인정하지 않는다.

안도 타다오가 세계적으로 인정받는 이유는 무엇인가? 좋은 건축디자인에 의한 작품들을 생산해 내기도 했지만, 콘크리트와 유리, 그리고 기하학의 접목으로 제한하여 이를 수차례 반복함으로써 일반 사람들도 이해하기 쉬운, 그리고 쉽게 알아볼 수 있는 '안도 타다오 스타일'을 만들어 냈기 때문이라 생각한다.

이처럼 우리나라 건축디자인의 우수성을 다른 나라 사람들에게 인지되도록 하기 위해서는

첫째로 **우리나라 사람**에게 적절하며,

둘째로 우리나라 사람 **누구라도 쉽게 이해되고 받아들여야** 하며,

셋째로 다양하게 파생되는 디자인 작업이 가능한 **우리만의 건축디자인 스타일**이 필요하다고 생각했다.

이것이 'ㄱ놀이'를 만들게 되었다.

102 ㄱ놀이의 규칙

ㄱ놀이는 한글의 여러 형태 중에 있어 'ㄱ, ㄴ, ㄷ, ㄹ, ㅁ, ㅂ, ㅋ, ㅌ, ㅍ'에 우선적으로 한정된 디자인이다. 이처럼 한정한 이유는 한글의 여러 형태 중 가장 명확하게 개념을 설명할 수 있는 모습이기도 하고, 건축에 적용하기에 적합한 형태이기도 하다. 공모전 등에 ㄱ놀이를 적용하여 외국인 심사위원들에게 개념을 설명할 때 그 많은 한글 자모음을 다 이야기해가며 설득하기란 쉽지 않다고 판단했다. 가장 뚜렷하게 특징을 보여주는 것들을 계속적으로 반복하여 사용하는 것이 가장 우선적으로 해야 할 일이라고 보았다.

ㄱ놀이의 규칙에 대해서 하나하나 살펴보기로 한다. 여기서 정하는 규칙들은 뼈대 또는 기초 부분에 해당한다.

첫째, ㄱ놀이를 하기 위해서는 우선 건축공간을 바닥, 벽, 지붕의 조합으로 이해한다.

건축공간은 자연재해로부터 사람을 보호하여야 하며, 사생활도 지켜질 수 있도록 폐쇄적이어야 하며 다른 한편으로는 사람의 행위, 활동이 보장될 수 있는 빈 공간이어야 한다.

이 건축공간은 사람 아래에 존재하는 것은 '바닥', 사

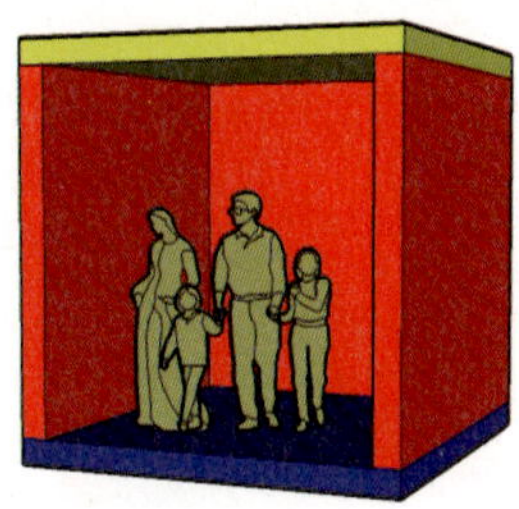

〈그림 1-8〉 바닥, 벽, 지붕에 의한 건축공간

람처럼 수직으로 서 있으므로 지붕을 받쳐주고 다양한 위험으로부터 보호하는 것은 '**벽**', 마지막으로 벽의 지지를 받아 사람 위에 수평적으로 펼쳐짐으로써 사람을 보호하는 '**지붕**'으로 크게 구분할 수 있다. 〈그림 1-8〉은 바닥(파랑), 벽(빨강), 지붕(노랑)을 명확하게 이해시키기 위한 것이다.

둘째, 바닥, 벽, 지붕(천장)의 각 요소의 단면들을 이용하여 건물 입면에 한글의 형태를 이루도록 구성하는 방법을 우선으로 한다.

앞서도 설명했지만 한옥에서 ㄱ자집 등은 한글 형태로 구성된 것으로 보여지나 실질적으로 쉽게 인지되지는 않는다. 평면도 또는 하늘 위에서 내려다 봐야 쉽게 이해된다. ㄱ을 표현한다면 사람이 **건물의 입면에 분명하게 인지할 수 있도록 만들어야 한다**는 의미이다. 이때 ㄱ 이외의 다른 요소와 차이가 나도록 구성해야 분명하게 보인다. 〈그림 1-9〉에서 그 과정이 보인다.

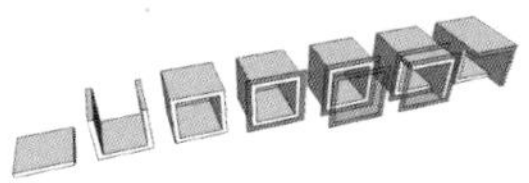

〈그림 1-9〉 바닥, 벽, 지붕에 의해 ㄱ놀이가 적용되기까지의 과정

이들을 'ㄱ' 등 한글로 인지하도록 하기 위해서는 이들의 조합이 필요하다. 그 유형은 4가지이다. 바닥과 벽의 조합, 지붕과 벽의 조합, 벽과 벽의 조합, 바닥과 벽과 지붕의 조합이다. 이 조합들이 동일한 소재나 요소로 구축되어야 한다.

ㄱ을 천장과 한쪽 벽으로 하여 구축한 것이라면 다른 부분과 달리 이 부분만 다른 색을 사용해서 인식하는 데 도움을 주도록 한다는 의미이다. 벽의 단면이 보이는 것

만으로는 다소 부족할 때가 있기 때문이다. 색을 부여하는 방법만 있는 것은 아니며 재료, 질감을 달리 할 수도 있고, 같은 재료라도 패턴을 달리 하는 방법 등으로 차이를 두어 인식할 수 있도록 한다.

또한 위의 한 가지만이 아니라 복합적으로 사용하여 강조하는 것도 좋다고 여겨진다.

셋째, 각 요소가 이루는 각도는 90도이다.

벽과 바닥, 벽과 지붕은 대부분 90도라는 각도를 가지고 있다. 그러한 점에서 90도를 규정한 것이다. 그러나 한글에서는 이미 이 각도를 넘어선 표현을 보여주고 있다. '고'에서 보여지는 ㄱ과 '가'에서 보여지는 ㄱ의 각도는 다르다. 다만, 한글 형태 구성 원리의 명확한 개념을 보여주는 것에는 90도가 가장 좋으며, 외국인에게 이해시키기도 좋으리라 판단했다. 〈그림 1-10〉에서 보듯이 훈민정음을 처음 소개하는 글의 일부를 살펴보면 모든 ㄱ이 90도로 이루어져 있음을 알 수 있다.

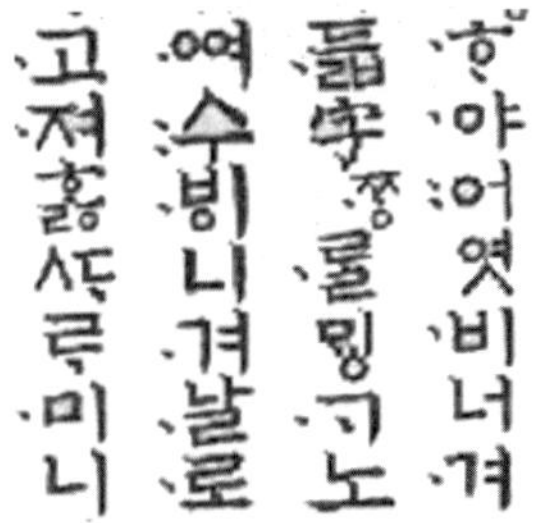

〈그림 1-10〉 훈민정음을 소개하는 글 중 일부 (다양한 ㄱ의 형태가 보여지는 부분을 중심으로)

넷째, ㄱ놀이로 디자인한 것은 최소 3군데 이상을 디자인하며, 이 또한 가급적 다른 자음으로 디자인하는 것을 원칙으로 한다.

한 가지 형태로 또는 하나만으로 표현된 것을 ㄱ놀이로 디자인한 것이라 이야기하기가 매우 힘들다. ㄱ놀이가 아니더라도 보편적 디자인에서도 많이 보여지기 때문이다. 네모형태에서 오른쪽 막대 하나를 제거하면 'ㄷ'

형태가 되는데, 이 형태는 외국 건물에서도 볼 수 있다. 네모형태에서 위와 왼쪽 막대를 제거하면 'ㄱ'형태가 된다. 이러한 형태는 우리만의 독특한 형태는 아닌 것이다. 이에 3군데 이상을 표현하는 것이 좋겠다고 여겨진다.

또한 한 가지 형태를 반복해서 사용하기 보다는 각각 다른 ㄱ놀이 형태를 디자인하는 것으로 한다. 예를 들어 ㄱ형태만 반복해서 디자인하기 보다는 ㄱ, ㄴ, ㄷ 등 다양한 형태를 섞어서 디자인한다는 의미이다. 그 이유는 일반적으로 □의 형태에서 일부가 제거된 형태가 한글 글자와 유사한 형태를 가지기 때문이다. 다만, 외국의 예를 보면 한글과 유사한 형태를 하나 내지 두 개 정도를 만든 후 이를 패턴처럼 반복한 디자인이 대부분이다. 그래서 세 개 이상의 모양을 지니는 것이 바람직하다고 보는 것이다.

〈그림 1-11〉 한글의 ㄱ으로 보이는 형태로 디자인했다. 외국에서도 □에서 일부를 뺀 형태로 많이 사용한다.

또한 □의 형태의 한 부분을 제거 또는 연상이 되는 형태로 보여지는 'ㄱ', 'ㄴ', 'ㄷ', 'ㅁ' 보다는 'ㄹ', 'ㅂ', 'ㅌ', 'ㅍ'의 형태를 함께 이용한다면 한글 디자인을 이용한 건물이라고 말하기가 용이하다.

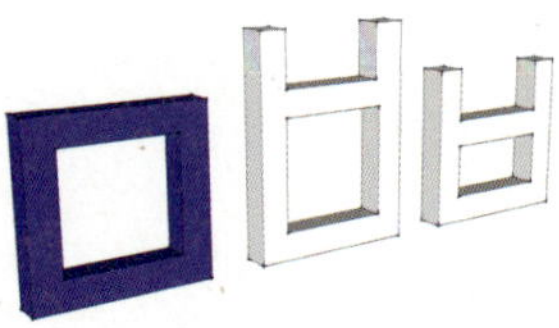

〈그림 1-12〉 ㅁ과 비교되는 ㅂ의 형태

다만, 한글을 이용한 형태와 사각형을 변형한 형태를 비교해보면 다소 다른 비례를 사용할 가능성이 있다. 예를 들어 ㅁ과 ㅂ을 혼용하여 디자인한다고 할 때 외국 건물에서도 'ㅂ'의 형태를 볼 수 있다. 그러나 〈그림 1-12〉의 'ㅁ'의 형태와 비교된 처음의 'ㅂ' 그림과 같은 비례의 형태일 가능성이 높다. 우리를 제외하고는 두 번째 'ㅂ' 그림처럼의 비례를 갖는 경우를 외국 건물 디자인에서 보기란 어려울 것이다. 그 차이는 우리에게 한글이 있고 그들에게는 한글이 없기 때문이다.

그리고 이런 방법으로만 건물을 100% 구축하기란 쉽지는 않다. 이에 구조를 위한 기둥과 보에 의한 선적 디자인 요소들이 보여지더라도 허용을 한다. 다만, 어떻든지 기둥, 보, 벽이 위의 ㄱ놀이에 의한 요소들과 구분되어 보여야 한다. 재료가 되었든 색이 되었든 간에 말이다. 또한 어쩌면 계획 초기단계부터 ㄱ놀이에 의한 디자인 방법을 적용하여 설계하지 않고 그냥 한 후에 최종단계에서 각 바닥면, 벽면, 지붕면을 ㄱ놀이방법으로 재해석하여 구축하는 과정을 거침으로써 적용하는 방법도 가능하다고 본다.

ㄱ놀이가 건축에 있어 형태에 너무 치우친 방법론으로 인식할 수 있다. 틀린 말은 아니다. 그러나 공간에 대한 기초적 이해 없이는 ㄱ놀이를 제대로 활용하기는 어렵다. 그리고 같은 볼륨의 건물에서 새로운 공간을 찾아내는 데 도움을 줄 수도 있는 것이 ㄱ놀이일 수 있다. 다음 예를 보자.

이 건물은 주택으로 가운데 거실을 중심으로 좌측에는 안방, 작은방이 있고, 우측에는 서재, 침실, 멀티미디어실이 있다. 기본 계획은 〈그림 1-13〉과 같다. 이를 ㄱ놀이에 의해 변환한 것이 〈그림 1-14〉이다. 발코니, 테라스의 공간, 갤러리와 같은 2층 복도, 독립적으로 눈에

〈그림 1-13〉 초기 주택안

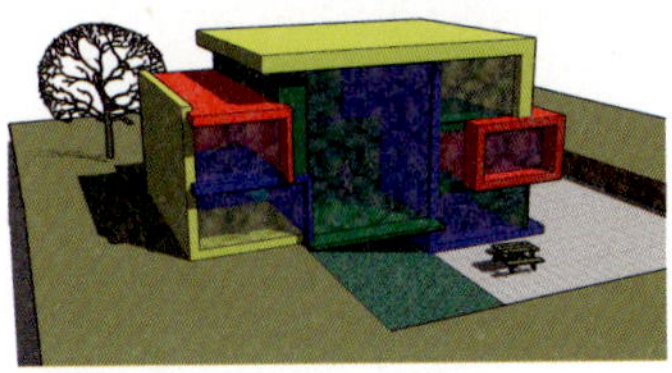

〈그림 1-14〉 ㄱ놀이에 의해 변환된 주택안

띄는 서재 등의 공간을 추가로 찾아내어 ㄱ놀이에 의해 효과적으로 커다란 변화를 줄 수 있었다.

위에서 열거한 ㄱ놀이의 규칙에 한정하여 하다보면 어느 시점에서는 지루하거나 뻔한 형태일 수 있다. 일반적인 놀이가 그렇듯이 여기에 규칙을 더하거나 뺌으로써 더 좋은 놀이로 변신할 수 있다. 그렇기에 이에 대한 내용을 3장 'ㄱ놀이 확장규칙'을 추가하여 그 방법론을 소개하였다.

103 ㄱ놀이의 한글 조합

앞서 ㄱ놀이의 규칙에 따라 디자인하다보면 일단 한글 자음이 연속적으로 연결되는 것이 일반적이다. 그리고 이들 자음 하나하나가 각각 인지되도록 하려면 어떻게든 구분이 되어야 한다. 이러한 측면에서 한글 조합이 이루어지며, 그 조합방식을 설명하려 한다.

우선 크게 네 가지로 나누어 설명한다. 첫째, **기본**이며, 둘째, **수평**, 셋째 **수직**, 마지막으로 **수평+수직**이다. **기본**은 수평, 수직, 수평+수직에 있어서 어느 방식이든 보편적으로 적용 가능한 방식을 설명한다.

수평은 그림 1-16과 같이 수평적으로 연속되어 조합될 때 가능한 방식이다. X, Y축이 있다면 X축방향으로 연속되는 예이다. **수직**은 그림과 같이 수직적으로 연속되어 조합될 때 가능한 방식이다. X, Y축이 있다면 Y축방향으로 연속되는 예이다. **수평+수직**은 그림과 같이 수평과 수직 동시에 조합될 때 가능한 방식이다. X, Y축이 있다면 X축과 Y축 동시에 변화되는 방식이다.

1) 기본

기본은 수평, 수직, 수평+수직에 있어서 **어느 방식이든 적용 가능한 구분 방식**이다. 여기에 속하는 조합방식으로 〈그림 1-15〉와 같이 **튀어나옴, 두께, 재료, 복합**

〈그림 1-15〉 한글의 기본적 구분 방식

등이다.

〈그림 1-16〉 한글의 수평적 연속의 조합방식

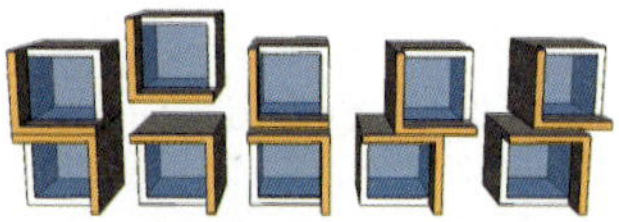

〈그림 1-17〉 한글의 수직적 연속의 조합방식

2) 수평

수평은 X, Y축이 있다면 X축방향으로 연속될 때 적용 가능한 구분방식이다. 사이를 띄거나 높이차, 앞뒤차, 복합 등이다. 〈그림 1-16〉과 같다.

3) 수직

수직은 X, Y축이 있다면 Y축방향으로 연속될 때 적용 가능한 구분방식이다. 사이를 띄거나 앞뒤차, 좌우차, 복합 등이다. 〈그림 1-17〉과 같다.

4) 수평+수직

수평+수직은 X, Y축이 있다면 X축과 Y축방향 동시에 변화되는 방식이다.

104 ㄱ놀이에 의한 실내공간 변화

앞서 ㄱ놀이가 건물의 외관을 변화시키는 방법임을 설명하였다. 그러나 외관에 표현된 것을 실내로까지 끌고 오면 실내공간의 다양한 변화를 볼 수 있다.

1) ㄱ놀이에 의한 평면의 다양성

수직적으로 긴 건물 형태에서 ㄱ놀이를 하게 되면 각 층마다 평면도가 달라질 수밖에 없다. 보통 사무소 건물에서 '기준층 평면도'라는 것이 있는데, 같은 평면도가 여러 층에 걸쳐 있을 때 사용되는 도면이다. 그런데 ㄱ놀이를 하게 되면 기준층 평면도는 사라진다. 그만큼 각 층의 평면이 다양성을 보여주게 된다. 〈그림 1-18〉에서 그 예를 볼 수 있다.

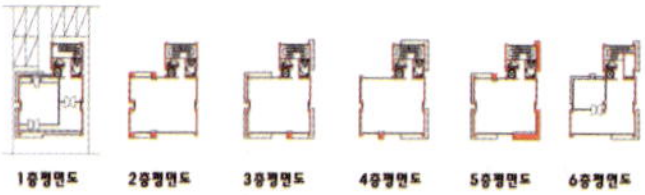

〈그림 1-18〉 ㄱ놀이에 의한 평면의 다양성

2) ㄱ놀이에 의한 층고의 다양성

사무소 건물과 같은 건물에서 ㄱ놀이를 하게 되면 각 층의 층고를 같게 하는 예도 있으나, 각 층의 층고를 달리 해야 한글 자음의 인식도가 명확하게 높아지는 예가 있었다. 〈그림 1-19〉에서 그 예를 볼 수 있다. 이처럼 각 층이 층고를 달리하여 공간의 다양성을 표현하는 것에 ㄱ놀이가 도움을 줄 수 있다.

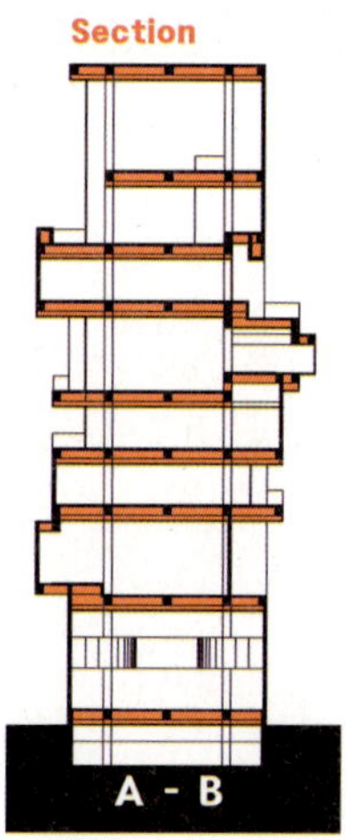

〈그림 1-19〉 ㄱ놀이에 의한 층고의 다양성

3) ㄱ놀이의 바닥, 벽, 지붕(천장) 구분의 변화

실내공간에서 면으로 구분한다면 일반적으로 천장, 벽, 바닥으로 구분하게 된다. 그런 후에 재료 또는 벽지나 색 등을 달리 사용하여 마무리하게 된다. 그리고 천장과 벽 사이에는 몰딩을 하게 되며, 벽과 바닥 사이에는 걸레받이를 두게 된다. 그리고 방이라면 바닥은 나무 또는 장판을 깔게 되고, 천장은 하얀색의 벽지를, 벽에는 무늬가 있는 벽지를 붙이게 된다. 〈그림 1-20〉에서 그 예를 볼 수 있다.

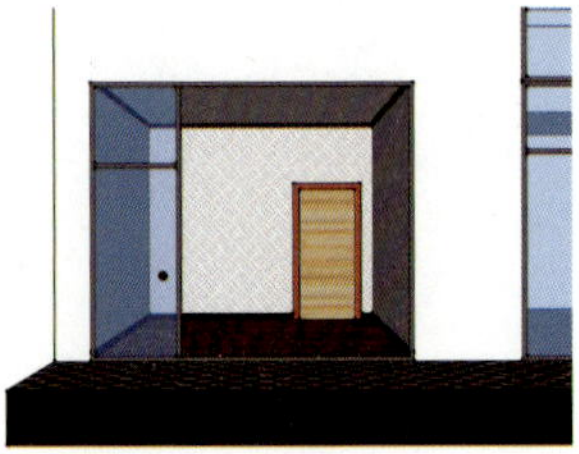

〈그림 1-20〉 ㄱ놀이 이전의 실내 공간

그런데 ㄱ놀이에 의해 벽과 천장이 일치하도록 건물 입면에 표현된 경우 이 표현이 실내로 연장시킬 수 있다. 이에 따라 천장과 일부 벽이 일치된 재료나 색 등을 갖고 표현되고, 바닥과 일부 벽이 앞의 표현과 다른 재료나 색 등을 갖고 표현된다면 건물 외부와 내부가 일치된 표현을 하게 된다. 〈그림 1-21〉에서 그 예를 볼 수 있다.

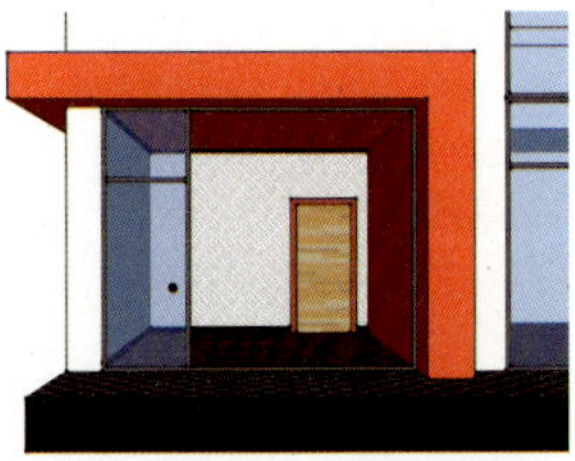

〈그림 1-21〉 ㄱ놀이 이후의 실내 공간

4) ㄱ놀이의 벽의 다양성

지붕(천장)이나 바닥도 다양한 치수나 색, 재료를 가질 수 있으나 ㄱ놀이는 벽이 특히 다양하게 표현되어야 가능하다. 왜냐하면 ㄱ놀이에 의한 벽과 그렇지 않은 벽과는 차이를 두어야 ㄱ놀이에 의한 모습이 선명하게 보여지기 때문이다. 차이를 두는 방법은 다양하겠지만 특히 〈그림 1-22〉의 벽의 두께에 의한 방법은 많이 사용될 듯하다.

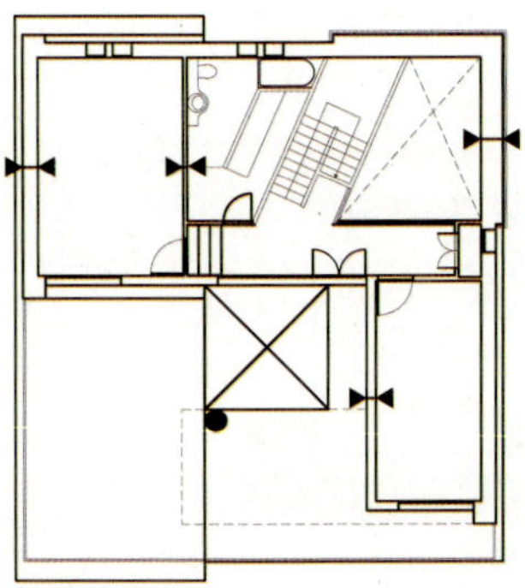

〈그림 1-22〉 벽의 두께를 달리한 평면의 예

2

ㄱ놀이 배경

201 ㄱ놀이 배경 1 / 한글

한글은 우리나라 사람이라면 서로 소통을 위해서 반드시 배워야 할 문자이다. 김치를 먹는 사람이 대부분 '우리나라 사람'이구나! 하고 판단하는 기준이 되는 것처럼 한글은 우리의 정체성을 보여주는 분명한 코드 중의 하나이다.

일반적으로 언어는 오랜 시간에 걸쳐 많은 사람의 손을 거쳐서 자연스럽게 만들어진다. 다시 말해 누가 만든 것인지 모른다. 그런데 한글은 비교적 역사가 짧고 인위적으로 위에서 만들어져서 아래로 배포시킨 언어이다. 그래서인지 어느 언어보다 과학적이다. 혀의 변화가 반영되었다고 하며, 기하학적 형태를 기본으로 하고 있다. 이러한 측면은 시각, 산업, 패션 등 다양한 디자인에 사용할 수 있었으며, 특히 건축 디자인에도 응용할 수 있는 토대인 것이다.

'ㄱ놀이'라 새롭게 이름을 만들어 붙였던 배경에는 우선 창의적인 생각을 전달하는데 '한글'을 그대로 사용하여 '한글놀이'라 하는 것은 다소 진부하다는 생각이 들었으며 이에 새로운 낱말을 만들 생각에 'ㄱ놀이'라 했다.

여러 가지 자음과 모음 중에서 'ㄱ'을 선택한 이유는 앞서도 설명했지만 한글을 배움에 있어 일반적으로 맨

〈그림 2-1〉 한글의 자음과 모음

처음 소개하는 글자라는 것에 있다. 그리고 'ㄱ'이라는 모습 자체에서 나오는 역동적인 모습, 다시 말해 그 모습 그대로 만들어 세우면 한쪽 방향으로 넘어갈 것 같은 움직임을 내재하고 있는 형태라는 측면도 한 이유였다.

'놀이'는 나의 건축디자인방법을 보다 자유롭게 쓸 수 있도록 하는 것에 있다. 우리의 DNA에 있어 '흥'이라는 것이 있는데, 가두어 놓고 하는 것보다 틀이 없이 자유롭게 하는 데서 오는 창의성이 우리의 장점이라는 것이다.

202 ㄱ 놀이 배경 2 / 공간의 구축

공간구축이라는 측면에서 건축물을 설명할 때 다양한 방법이 있다. '바닥', '기둥', '계단' 등 다양한 요소에 모두 이름을 붙이고 정의를 내려서 공간의 구축을 설명하는 방법이 있고, 어디까지가 '바닥'이고 어디까지가 '벽'인지 모호한 건축물들도 많으므로 요소의 구분 없이 설명하는 방법이 있다. 여기서는 이를 중재하여 다양한 요소를 **'바닥', '벽', '지붕(천장)'** 3가지 요소만으로 구분하여 논하고자 한다.

〈그림 2-2〉 입체적 계단디자인으로 인해 어디까지가 계단에 의한 바닥인지, 벽인지 구분이 없는 공간

사실 건축물을 이 3가지 요소로만 한정하여 설명하는 것이 그리 쉬운 일은 아니다. 예를 들어 기둥은 위 3가지 요소 중 무엇으로 설명할 것인가? 또한 계단, 경사로는 어디에 속하게 할 것인가?

3가지 요소로 줄여서 논하고자 하는 가장 큰 이유는 요즘 추세가 건축요소에 대해 보다 다양한 해석을 하여 그 의미를 확장시키려는 모습에 있다. 의미 확장과 다양한 해석을 위해서는 다양한 요소로 많이 분리하여 이를 조합하여 사용하는 것보다는 수를 줄여 한정된 요소로 설명하는 것이 더 낫다고 판단하였다.

〈그림 2-3〉 계단의 하나의 예

예를 들어 계단을 계단이란 요소로 한정하여 설명하기보다는 '여러 바닥을 상승하는 방향으로 구축된 것'으로 보아 바닥의 일종으로 보는 것이 보다 풍성한 해석과 의미

〈그림 2-4〉 벽인지 기둥인지 모호한 형태의 예

적용이 가능하다고 판단하였다.

이와 같은 맥락에서 기둥은 기둥으로 한정하여 설명하기 보다는 벽의 다양한 형태 중 하나로 보는 것이 더 낫다고 보았다. 벽에서 기둥을 분리하여 하중을 전담시킴으로써 벽의 다양한 시도를 가능하게 한 공적은 인정한다. 하지만 이제는 그 역할의 한계로만의 해석은 의미가 없는 시대이다. 이에 기둥을 벽에서 지붕에서 흘러 내려오는 하중을 받고 아래로 전달하기 위한 최소한의 '벽'으로 해석하고 이 역할뿐만 아니라 디자인의 요소로 적용시키려는 것이 오히려 다양한 해석을 할 수 있는 토대이다. 다만, 벽을 면으로만 보는 시각을 경계한다. 선일 수 있고 매스일 수 있는 열린 시각이 필요하다.

계단이 예전에는 다른 층으로 올라가거나 내려가는 기능만을 주로 담당하여 건축적으로 별도로 취급하여 설명하기가 쉬웠으나 요즈음은 계단 안에 갤러리 성격을 포함하기도 하고, 다양한 높이에서 보여지는 풍경을 바라보기 위한 작은 공간들을 나열하는 역할을 담아내기도 한다. 이에 계단이란 요소에서 이러한 것들을 설명하기 보다는 갤러리 같은 계단은 바닥과 바닥의 넓이와 벽을 구축한 것으로, 풍경을 바라보는 계단의 공간은 바닥과 벽의 높이, 개구부로 설명하고자 하는 것이다.

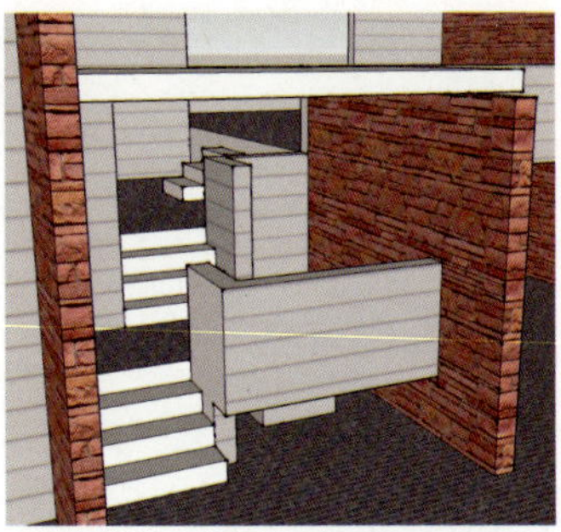

〈그림 2-5〉 계단의 하나의 예

또한 기둥, 계단 등의 근본적인 기능이 ㄱ놀이에서는 다소 미비한 역할을 담당한다. 앞서 ㄱ놀이의 방법에 의하면 벽, 바닥, 지붕(천장)의 단면부에서 보여지는 모습으로 이루어지지만 그것은 외부에서 바라보는 시점에서의 이야기이다. 실내에서 보면 벽, 바닥, 지붕(천장)에 의한 면(面)적 요소에 의한 공간구축인 경우가 많다. 그래서 ㄱ놀이에서는 면적이 아닌 요소인 기둥, 계단 등의 요소들에 대해 구축의 보조적인 수단에 그치는 경우가 대부분이다.

그렇다고 해서 기둥, 계단 등의 요소들이 바닥, 벽, 지붕(천장)의 세 요소로 줄어든 설명에서 완전하게 누락되는 것도 아니다. 예를 들어 기둥은 다음과 같이 설명할 수 있다. 기둥은 벽의 가장 작은 단면(가로, 세로)을 형성하면서 수직으로 올라간 것으로 설명할 수 있다. 또한 벽에 있어서 최대 크기의 개구부를 내도록 한다면 기둥과 기둥 사이의 모습과 같은 결과를 보일 수 있다. 계단은 작은 단위 바닥의 수평적으로 동시에 수직적으로 나열된 것으로 설명할 수 있다. 일부는 하중이 고려된 단면의 디자인에 따라 벽일 수 있다. 경사로는 기울어진 바닥으로 설명한다.

물론 그리스, 로마 시대의 기둥 양식을 설명할 때는 기둥으로 명확히 구분하여 설명하는 것이 낫다는 것을 부인하지 않는다. 그러나 극단적인 부분은 생략하고 ㄱ놀이 디자인에 맞는 본질적인 부분만을 다룬다는 점이 중요하다. 예를 들어 3미터 가로, 세로, 높이의 정육면체 콘크리트 덩어리는 어디까지가 바닥이며, 벽이고, 지붕인가? 이런 극단적인 예까지 다룬다면 어느 누구도 무엇이다라고 정의내리기는 쉽지 않다.

또한 바닥, 벽, 지붕이 하나의 면으로 이루어져 구분

〈그림 2-6〉 중국 북경의 IBM 사옥으로 어디까지 벽이고 지붕인지 경계가 없다.

하기 힘든 사례도 있다. 그러나 ㄱ놀이를 위해서는 반드시 구분되어야 하므로 여기서 논하지는 않는다.

각 내용에 있어 4가지의 체계를 갖고 바닥, 벽, 지붕(천장)을 이어서 각각을 설명하고자 한다. '**개념(槪念)**', '**구축요소(構築要素)**', '**행위(行爲)**', '**심리(心理)**'이다. '**개념**'은 각 요소에 대해 근본적인 것들에 대해 설명하는 내용을 모은 것이다. '**구축요소**'는 공간으로 실질적으로 구축하는 데 있어서 필요한 요소들을 설명한다. '**행위**'는 각 요소로 구축된 공간으로 인해 보여지는 사람의 행위를 나열하였다. '**심리**'는 각 요소로 구축된 공간으로 인해 나타나는 사람들의 심리들을 모았다.

공간을 디자인할 때 기능적인 측면만 보는 경향이 있다. 침실, 회의실 등으로 사용함을 전제로 공간을 디자인한다. 이에 행위, 심리적 측면은 부차적인 측면으로 이해하는 사람이 많다. 그러나 분명한 행위나 심리를 유발할 목적으로 공간을 디자인하는 예도 있음에 주목할 필요가 있다. 예를 들어 일반적인 창문은 어른들의 키에 맞는 높이에 두게 된다. 그런데 아이들 눈높이에만 맞는 작은 창문을 디자인한다면, 어른들은 몸을 낮추는 행위를 해야만 그 창문을 통해 밖을 볼 수 있다. 이러한 디자인을 하는 이유를 다음과 같이 설명할 수 있다. 즉 어른과 어린이의 눈높이를 강제적으로 일치시키도록 하는 행위를 유발하기 위함이라고 말이다. 유치원, 유아 놀이치료실 등에 적용 가능하다. 행위, 심리를 분석하여 제시함은 실의 기능에만 한정하는 시각에서 디자인하는 것에서 벗어나 행위, 심리 등 보다 다양한 시각에서, 그리고 보다 명확한 행위, 심리적 측면을 고려한 디자인을 하도록 하는데 도움을 주고자 하는 것에 있다.

그리고 바닥, 벽, 지붕(천장)에 대한 이와 같은 설명은 ㄱ놀이에 반드시 적용함을 전제로 하지 않음에도 유의할 필요가 있다. 그렇기에 ㄱ놀이와 관계없이 건축 전반에 적용가능하다.

203 ㄱ놀이 배경 3 / 바닥

1) 개념

바닥의 개념적 측면에서 살펴보고자 하는 것은 **하중, 층, 비움, 영역성, 장소성**이다.

▌하중

〈그림 2-7〉 파르테논신전의 바닥 위에 굳건하게 서 있는 기둥

건축물이 존재하기 위해서는 무엇보다 건축물이 지니거나 받게 되는 모든 하중을 견뎌내야 한다. 이를 위해서는 무엇보다 하중을 견뎌내는 바닥이 존재해야 한다. 보다 작은 의미로 단층건물이 아니라면 바닥은 여러 층으로 분리될 수 있으므로 하중이 최종적으로 도달되는 곳의 낱말로 말한다면 '**대지, 지반, 지층**' 등을 사용할 수도 있다. 바닥은 수직적으로 올라간 건축물의 모든 요소 하중을 받아들이며, 이는 만유인력이 작용하기 때문임은 잘 알려진 사실이다.

또한 공간에 벽과 지붕이 없더라도 공간은 존재할 수 있으나 바닥이 없으면 공간은 존재하기 어렵다. 여기서 어렵다는 이야기는 특별한 경우에는 존재할 수 있다는 의미임에 유의할 필요가 있다. 바닥이 없이 벽과 지붕으로 구축되어 외팔보(cantilever)처럼 매달려 있다면 실질적으로 사람이 들어갈 수는 없겠지만 시각적으로는 의미 있는 부분이 된다. 왜냐하면 이 부분이 공간이 아니라고 할 수는 없다. 공간(空間)이 반드시 사람이 들어가서 서있을 수 있는 곳이 아닌 '비어진 사이'라는 정의라면 말이다.

바닥을 설명함에 있어 우선 언급되어야 하는 것은 사람의 하중이 최종적으로 전달되는 곳이라는 점이다. 보통은 발이 닿는 곳이다. 발만 닿아야 하는 것은 물론 아니다. 엉덩이가 닿을 수도 있고 등, 배, 손, 머리 등도 바닥에 닿을 수 있다.

그러나 발을 강조하는 이유는 사람의 하중을 모두 모아 최종적으로 발을 통해 바닥에 전달되는 모습이 '바닥에서의 하중'을 보다 일상적으로 설명하는 모습이라 보았다. 사람은 다른 동물과 달리 직립하여 네 발이 아닌 두 발만으로 보행이 가능하다는 사람의 특성을 보여주기 위함이다.

하지만 발이 닿을 수 있는 곳 모두를 바닥이라고 설명하지 않는 점에 유의할 필요가 있다. 왜냐하면 〈그림 2-8〉에서처럼 물을 담아 쉽게 발이 바닥에 닿도록 허락하지 않는 바닥도 있으며, 바닥의 층을 여러 층으로 구분하여 말하는 사람도 있고, 바닥이 아닌 벽에 발을 대기도 한다고 말하는 사람도 있기 때문이다. 예를 들어 벽에 발을 들어서 대거나 낮은 벽 위에 올라선다면 발은 벽에 닿는다. 그렇다고 이것을 바닥이라 하지는 않는다.

〈그림 2-8〉 워싱턴D.C의 링컨기념관 앞 인공호수

맨 아래의 바닥은 기초와 연결되어 있다. 기초가 흙이나 모래에 묻힌 것만으로는 안 된다. 지하수가 흐르고 있어서 유동적일 수도 있으며, 기초가 뽑힐 수도 있다. 이에 기초가 가급적 암반에 도달할 수 있도록 해야 하고 그렇지 않다면 기초를 깊게 하여 접지면적이 넓도록 하고 많은 수의 기초를 넣는다.

〈그림 2-9〉 천장 위의 설비 모습

바닥의 크기와 관련해서 유의해야 하는 하중이 있다면 그것은 처짐이다. 이 처짐을 어떻게 처리하느냐에 따라 바닥을 다양하게 활용할 수 있다. 대표적인 역할이 기초나 기둥 위의 보(girder, beam)이다. 기둥과 기둥을 연결하는 큰 보를 영어로는 '거더(girder)'라 하며, 보와 보 사이의 작은 보를 '빔(beam)'이라 한다. 벽에서 기둥이란 요소를 만들어 다양한 하중에 견디는 역할을 담당하도록 했다면 바닥에서는 보가 하중을 이겨내는 부분을 담당한다. 보가 있는 바닥은 보가 없는 바닥에 비해 바닥의 두께를 얇게 할 수 있으며, 그로 인해 바닥 아래의 빈 공간을 생기도록 하여 그 안에 각종 배관 등의 설비들을 채워 넣기도 한다. 〈그림 2-9〉가 그 실제 예이다.

〈그림 2-10〉 다양한 층 개념의 바닥

층

층은 아파트처럼 수직적인 건물에서 다양한 바닥을 설명할 때 주로 쓰인다. 여기서는 층을 여러 개의 겹으로 되어 있는 것의 한 단위를 이야기할 때 쓰이는 용어로 설명한다. 영어로는 '레이어(layer)'라 한다.

〈그림 2-11〉 샌프란시스코의 금문교

땅 위로는 〈그림 2-10〉처럼 다양한 층의 바닥을 디자인하며 땅 아래로는 다양한 층의 재질로 이루어졌다. 땅이 흔들리는 지진에 의해 건물이 무너지는 이유는 다양한 층으로 된 바닥이 어떤 힘에 의해 서로 다른 방향으로 움직여 밀려 올라가거나 밀려 내려가는 등의 힘이 작용하기 때문이다. 또한 바닥 아래가 비워질 수도 있다. 그 쉬운 예가 〈그림 2-11〉처럼 다리(다른 말로 교량(橋梁)이라 한다.)이다. 땅이 흔들리듯이 다리도 휘청거릴 수도 있는데 꾸준한 진동이나 바람의 힘에 의해 무너질 수도 있다.

이 외에도 개울 안의 징검다리, 풀밭 위의 판석, 놀이동산의 소리나는 바닥(소리나지 않는 바닥과 대비해야 효과가 크다는 점을 상기해보라.) 등이 다른 성격의 바닥을 위 아래로 겹쳐 놓음으로써 색다르거나 새로운 경험의 바닥을 만들어낼 수 있다. 〈그림 2-12〉처럼 바닥에 층을 두어 바닥 아래에 전시공간을 넣는 예를 볼 수 있다.

〈그림 2-12〉 바닥에 층을 두어 전시공간을 둔 사례

비움

벽에 문과 창문 등 개구부가 있다면 **바닥을 뚫을 수도** 있다. 이를 다양한 용어로 부르고 있는데, 여기서는 **비움**(보이드(Void)라고도 한다.)이라 부를까 한다.

보통 벽과 바닥이 연결되어 있으면 바닥의 단면이나 다른 층의 바닥을 시각적으로 보기란 어렵다. 그런데 바닥에 구멍을 내거나 일부 바닥을 기둥으로만 연결하여 다른 곳에서 보면 바닥의 단면 또는 다른 층의 바닥이 보이는 것이다. 〈그림 2-13〉의 뉴욕 유엔본부의 로비 위로 바닥이 없이 뚫린 덕택에 다른 층의 기둥으로 연결된 바닥들이 보이고 있다. 〈그림 2-14〉의 뉴욕 현대미술관에서는 일부 바닥을 비워냄으로써 그 아래층이 보이는 모습을 볼 수 있다.

〈그림 2-13〉 뉴욕 유엔본부의 로비 위쪽이 뚫린 덕에 보여지는 각층의 바닥

〈그림 2-14〉 뉴욕 MOMA의 바닥이 비워짐으로써 아래층이 보이는 모습

〈그림 2-15〉 위층 거실바닥이 일부 비워짐으로써 아래층 부엌과 식당과 위층 거실이 서로 소통되는 모습

〈그림 2-16〉 2층 바닥을 비워냄으로써 2층 벽면에 전시된 영상물 감상이 가능해진 모습

수평적인 다른 공간 간의 대화가 가능할 수 있는 것은 창문 덕분이다. 예를 들어 초·중·고등학교 교실 안에 앉아 자율학습을 하던 학생시절에 복도에 난 창문을 통해 복도에 계신 선생님을 교실에서 느껴보는 등의 경험이 있다면 쉽게 이해가 될 것이다. 이것이 바닥이 뚫림으로써 수직적인 대화가 가능한 것이다.

대화는 반드시 소리에 의한 것만은 아니다. 시각적으로 후각적인 것으로도 가능하다. 예를 들면 〈그림 2-15〉와 같이 2층 거실의 의자에 앉아 1층에 부엌에서 저녁을 만드는 냄새를 느낄 수 있다면 엄마 또는 아내의 행동이 유추가 된다.

또한 박물관이나 미술관에서 바닥이 뚫림으로써 한 층 높이에 한정되어 전시될 수밖에 없는 전시물에서 탈피하여 수 개 층의 높이에 걸쳐 전시물의 전시가 가능하도록 할 수 있는 것이다. 〈그림 2-16〉에서처럼 2층 바닥을 일부 비워냄으로써 2층 벽면에 전시된 영상물을 감상할 수 있도록 한 모습을 볼 수 있다.

▌영역성

경계, 범위의 의미이다. 공간이 분리되어 보인다는 것을 설명할 때 사용된다. 도로는 보통 다음과 같이 분리된다. 차도(車道)라 하여 재질을 아스팔트로 하고 차선을 그어 차가 주로 다니는 곳이며, 보도(步道)라 하여 사람이 주로 다니는 곳이다. 자전거가 주로 다니는 길을 구분하여 놓거나 버스만이 달리는 길 또한 분리하기도 한다. 이처럼 도로를 구분하는 이유는 그만큼 안전 또는 각 기능에 효율적이기 때문이다.

영역성(領域性)은 **바닥 재질과 형태, 크기가 어느 정도인가, 중심성을 갖췄는가, 바닥의 높낮이, 벽 또는 건물의 둘러싸임, 지붕 아래의 공간** 등에 따라 달라진다. 〈그림 2-17〉의 건물로 둘러싸임으로써 영역성이 보여지는 예를 볼 수 있다.

〈그림 2-17〉 건물로 둘러싸인 광장

▌장소성

동해와 서해의 바다를 모두 바다라는 측면에서 동일시하는 사람보다는 다르다라고 말하는 사람이 더 많다. 해와 바다가 접하는 그 순간을 양쪽 바다에서 똑같이 볼 수 있지만 동해는 〈그림 2-18〉에서 처럼 해가 뜨는 일출의 의미가 있으며, 해가 지는 일몰은 서해에서 바라보아야 한다. 서해에는 조개, 대하 등이 잘 잡히는 곳이고, 동해는 오징어 등이 먹거리로서 선호하는 곳이다. 이처럼 그곳만이 가지는 특별한 의미를 찾고 그 의미가 부여한 장소에 '장소성이 있다'고 말한다.

〈그림 2-18〉 동해 일출 광경

지구는 지속적으로 돌고 그 축이 약간 기울어 있으며, 이에 따라 추운 곳과 더운 곳이 다르다. 또한 그 지역에 따라 살기에 적합한 식물, 동물, 곤충들이 다르며, 가까운 곳에 사는 사람끼리 관습, 풍속이 다르다. 그렇기에 어디에나 그만한 장소성이 있게 마련이다.

〈그림 2-19〉 성당 바닥의 상징

그러나 장소성은 자연적인 요소에 의한 것만은 아니다. 상징이나 인위적으로 만들어진 곳도 있다. 예를 들어

〈그림 2-20〉 미국 헐리우드 바닥의 모습

〈그림 2-20〉처럼 영화배우의 손 모양을 뜬 것들을 모아 바닥에 붙인 것을 특정 장소에 모음으로써 '스타의 거리'를 조성한 것이 그 예이다. 그곳을 아는 사람들끼리 약속을 하는 장소가 되거나, 좋아하는 배우의 손을 찾음으로써 지난 날에 대한 상념에 젖는 등의 행위가 있게 마련이다.

2) 구축요소

바닥을 실질적으로 구축하는 요소로 공간, 형태, 크기, 방향성, 마감, 패턴을 살펴보고자 한다.

▌공간

공간은 '空間'이라는 한자에서 보듯이 비어 있음이며, 비어 있음을 위해서는 무엇과 무엇 사이라는 것이 존재하여야 한다는 것이다. 아래에서 설명하는 크기와 유사할 수 있으나 크기가 2차원이라면 공간은 3차원으로 보는 시각이다. 어떤 책에서는 매스(mass)와 대비하여 볼륨(volume), 부피라는 용어로 공간을 설명하기도 한다.

바닥이라는 표현만으로 어떤 부분이 공간으로 느껴지기 위해서는 다른 부분의 바닥과 무엇이 다른가에 있다. 보통은 자연적으로 조성된 바닥에 비해 인공적으로 조성된 바닥이라면 뭔가 만들어졌다는 느낌에서 공간의 존재가 느껴지게 된다.

보편적으로 많은 형태가 사각형의 바닥이라면 두 개의 길이가 필요하다. 길이와 폭이라는 용어로 구분하기도 하며, 방향이 생긴다면 가로, 세로의 용어로 구분하기도 한다. 분명한 것은 각 치수의 크기에 따라 공간의 느낌은 다르다. 건축은 사람을 위한 것이므로 공간의 크기는 사람의 크기에 상대적으로 느껴지거나 표현된다.

이러한 바닥에 벽을 세운다면 둘러싸임이 생기며, 벽의 높이와 재질, 위치 등에 따라 닫힘과 열려짐의 정도도 다르다. 지붕(천장)이 더해지면 더 강한 둘러싸임이 생긴다. 벽이 있다 해도 바닥과 벽이 얼마나 결속되어 있느냐도 벽은 모든 바닥을 둘러싸야 하는 것은 아니며, 모서리를 어떻게 하느냐에 따라 개방성과 폐쇄성을 보여주기도 한다. 또한 바닥과 지붕의 크기가 같아야 하는 것은 아니며 크기의 차이에 따라 역동성과 깊이감이 표현되기도 한다.

바닥에 높이를 부여하여 바닥차를 둘 수도 있다. 연속적인 바닥차를 계속적으로 부여한다면 계단의 모습이 되는 것이다.

〈그림 2-21〉 어느 오피스텔의 벽으로 둘러싸이고 다양한 높이의 바닥으로 형성된 중정 모습

형태

바닥의 크기에 따라 선으로 표현되기도 한다. 선으로 예를 드는 것이 길, 도로이다. 직선, 사선, 곡선 등 다양하다. 면의 형태로 사각형이 기본이며, 원, 삼각형, 불규칙형 등으로 다양하다.

두께를 줌으로써 매스로 보일 수 있으며, 〈그림 2-22〉의 계단이 그 예로 계단을 다수의 바닥들을 매스처럼 보이게 할 수 있다. 물론 모든 계단이 매스로 느끼는 것은 아니다.

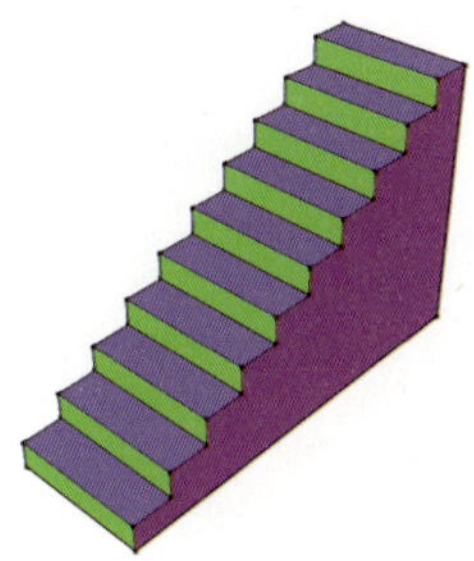

〈그림 2-22〉 하나의 매스처럼 보이는 계단

▮크기

첫째, 바닥 자체의 크기가 있다.

둘째, 벽(기둥), 지붕(천장) 등으로 둘러싸임에 의한 크기가 있다. 앞서도 설명했지만 바닥의 크기와 벽으로 둘러싸인 크기, 천장의 크기는 같거나 다를 수 있다.

〈그림 2-23〉 다양한 모습의 바닥

마지막으로 바닥판의 단위 크기로 〈그림 2-23〉처럼 바닥을 어떻게 분리하여 하나의 바닥판 크기를 결정하느냐 또는 반대로 다수의 바닥판을 어떻게 합쳐 하나의 바닥으로 보이게 하느냐는 등의 고민을 하는 것이 '크기'이다.

▮방향성

사람이 움직일 때 바닥이 방향에 대해 영향을 끼치느냐에 대한 것이다. 일반적으로 바닥에 있어 '길', '도로'에 의해 어느 정도의 축이 형성되도록 하느냐와 '광장'에서 중심성을 갖도록 하여 중심을 향해가는 움직임에 도움을 줄 것이냐의 여부이다.

그러나 수평적 방향만 있지 않고 수평과 수직의 결합인 계단의 오름과 내림이 있고, 경사로에서도 방향성이 보인다. 또한 높이에 있어 연속성을 갖는 방향성이 아니라 평지를 기준으로 '하강' 또는 '함몰', 그리고 '상승' 또는 '돌출', '융기'가 있으며, 평지와의 밀착 관계에 따라 떠있는 듯한 '부유'가 있다. 또한 〈그림 2-24〉처럼 바닥에서 벽에 대해 구분되어 보이는 형태가 없이 지붕으로 연결되는 형태도 보여지고 있다.

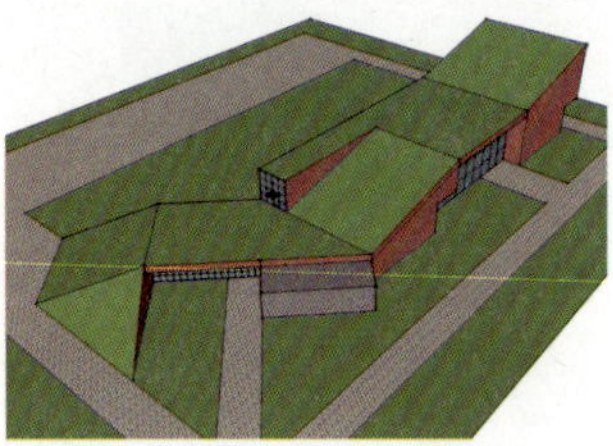
〈그림 2-24〉 바닥과 지붕이 연결된 건물의 예

▮마감

바닥 마감을 어떻게 하느냐에 따라 바닥이 다르게 느껴지거나 보이게 된다. 보통 제품 선택이 중요한데, 재질, 색, 패턴 등이 주가 된다. 〈그림 2-25〉는 바닥의 패턴이 규칙적으로 마감된 예이다.

질적인 측면으로는 어느 정도의 무게까지 견디어 긁히든지 자국이 남느냐, 물 등의 액체에 대한 대비가 되는 방수가 되느냐, 소리 발생이 어느 정도 허용되는가, 소음 차단이 어느 정도 되는가, 미끄러운 정도가 어떠한가 등도 제품 선택에 있어 중요하다. 〈그림 2-26〉에서처럼 조경에서 다양한 시도의 마감을 통해 디자인 수준을 높이기도 한다.

〈그림 2-25〉 규칙적인 패턴으로 마감된 바닥

〈그림 2-26〉 조경에서 보이는 다양한 바닥

3) 행위

바닥에서 행해질 수 있는 행위적 요소로 **신발, 정지, 속도, 방해** 등을 살펴보고자 한다.

▮신발

신발을 신거나 벗는 행위의 공간, 우리나라 아파트의 현관을 말한다. 〈그림 2-27〉과 같다. 또한 신발을 신고 있거나 신발을 벗고 있는 상태를 유지하는 공간을 포함한다.

이는 집의 실내에 들어가기 전에 무조건 신발을 벗는 우리나라의 문화에서 비롯된 것이다. 예를 들어 우리나라 사람이 미국에 있는 아파트에 단기간 입주한다면 꼭

〈그림 2-27〉 신발을 벗고 놓아두는 현관

하는 것이 있다면, 바로 현관문 앞에 신문지를 펼쳐 신발을 벗어 놓을 공간을 마련하는 것이다.

신발을 왜 벗는가? 신발을 벗으면 몸이 구속된 것에서 해방되는 느낌에서 편해지기 때문이라 할 수 있지만 유독 우리 또는 일본 정도만이 실내로 들어가기 전에 신발을 벗는 문화가 생긴 것은 아마도 온돌문화가 만들어 준 것이 아닐까 싶다. 바닥의 따뜻함이 있기에 이를 느끼며 서있는 자세보다는 앉는 자세가 보편화될 수 있었다. 또한 앉는 자세이다보니 바닥과 가까워서 바닥의 지저분함이 잘 보이기도 했기 때문이기도 하다. 또한 온돌을 구축하기 위해서는 땅과 높이차를 두어야 하는데, 이 높이차 때문에 자연스럽게 신을 벗게 되지 않았을까 싶다.

신발 벗는 문화와 바닥을 덥히는 온돌 때문에 우리나라 주거시설이나 숙박시설은 다른 나라와 달리 바닥의 다양한 높이를 가지게 된다. 현관, 화장실, 발코니, 다용도실 등과 거실, 방, 부엌 등의 바닥 재질을 다르게 할 뿐만 아니라 바닥 높이를 다르게 하는 것이 일반적이다. 신발 또는 물을 사용하는 공간과 구분하는 것으로 바닥의 차이를 둔 것이다.

예전에 유럽의 오래된 호텔의 화장실 내 샤워의 경험은 이를 일깨워줬다. 바닥의 높이 차이가 없었고 일반 세면대와 변기가 놓인 곳은 나무로 바닥이 마감되어 있었다. 이에 샤워에 의한 물을 욕조 밖으로 절대로 흘리면 안 되었고 흘리게 되면 아래층에 물이 새는 등의 영향을 주거나 바닥매트가 깔린 곳까지 흘러가 젖어버리기도 했다.

신발과는 관계 없지만 참고로 가전제품 등의 발달에 따라 공간의 변화되는 모습을 보이는 사례를 소개한다. 바닥이 타일인 다용도실에 놓던 세탁기가 드럼세탁기로 바뀌어 부엌에 놓을 수 있게 되어 다용도실의 크기가 줄어들거나 없어지기도 한다. 정수기, 김치냉장고 등의 가전제품 증가로 부엌의 크기가 달라지기도 한다. 다용도실에 추가적인 가열도구를 놓아 많은 손님들이 와서 많은 요리를 해야 할 때의 번잡함을 줄이는 등의 용도로 변화되기도 한다.

기계의 발달로 생활패턴을 변화시키고 이로 인해 미래의 주거환경을 바꿔 놓는 것에 건축가는 항상 관심을 갖고 민감해야 한다.

▌정지

서있거나 앉거나 눕는 등 멈춰지는 행위가 가능한 공간이 되도록 바닥을 만드는 것을 말한다. 이외에도 다른 나라와 달리 우리나라는 침대가 아닌 바닥에 이불과 담요, 그리고 바닥 난방에 의해 눕는 행위가 이루어진다.

그리고 '모듬발로 선다,' '위로 뛴다', '한발 들고 선다', '바닥을 두들긴다' 등 완전히 정지된 상태는 아니나 잠깐 정지한 상태를 유지한 행위도 이 범주에 속한다. 주로 발, 다리에 의한 행위에 의한다. 이러한 행위들은 그렇게 자주 보이는 행위는 아니나 아이들의 공간, 놀이공간에서는 쉽게 볼 수 있다. 예를 들어 〈그림 2-28〉의 트램

〈그림 2-28〉 작은 트램폴린 (trampoline)

폴린(trampoline)에 의해 제한된 공간에서는 아이들이 위로만 뛰는 행위가 반복될 것이다. 건축가는 이러한 공간에서 이루어질 수 있는 행위를 예측하고 상상해가며 공간을 만들어내야 나만의 디자인을 할 수 있다.

속도

정지와 반대의 개념이다. '걷다'가 일반적인 행위이며, 그 외로는 '올라간다,' '내려간다,' '달린다,' '기어간다'가 있으며 그 속도는 다양하다. 〈그림 2-29〉는 주로 올라가거나 내려오는 행위가 일어나는 계단의 예이다.

〈그림 2-29〉 올라가거나 내려오는 행위가 일어나는 계단의 예

천장 높이가 1m 내외의 공간을 지나가야 하는 놀이공간이라면 몸을 바닥에 바짝 붙여서 발과 손을 이용하여 기어갈 수밖에 없을 것이다. 군대에서 낮은 포복자세인 것이다.

방해

바닥의 무언가의 방해에 따라 일어나는 행위이다. '피해 간다', '건너 뛴다', '미끄러진다', '추락한다', '비춰 본다', '손을 댄다' 등이다. 벽에 의해 막혔다면 일반적으로 일어나는 행위이겠지만, 깊이를 알 수 없는 물이 담긴 공간 또는 겨울에 눈에 의해 미끄러울 수 있는 공간이 앞에 있다면 피해가려는 등의 행위가 일어나는 것을 쉽게 상상할 것이다.

▌기타

그 밖에 〈그림 2-30〉에서처럼 고층건물의 최고층에서는 멀리 조망하는 행위가 일어나고 그곳 아래에 투명한 유리 바닥으로 된 공간이 있다면 '아래로 내려다 보는' 행위가 생기기 마련이다. 바닥이 차이 나서 물건을 올려놓기 좋은 곳이라면 '물건을 놓다'는 행위가 있을 수 있다.

또한 〈그림 2-31〉처럼 모래에 의한 바닥이라면 '손가락으로 글씨를 쓰거나 그림을 그리면서 노는' 행위가 예상된다. 위험하지 않은 작은 불꽃이 일어나는 바닥이라면 불꽃을 없애려고 발로 '비비는' 행위를 하게 될 것이다.

〈그림 2-30〉 바닥이 유리로 된 곳에서 투영되는 건물들의 모습

〈그림 2-31〉 바다 갯벌에서 노는 아이

4) 심리

바닥에서 심리적 측면을 살펴보고자 하는 것은 **폭, 방향, 부담, 안전, 청결, 소리**이다.

▌폭

'좁다' 또는 '넓다'고 느껴지는 심리를 불러일으키는 공간을 말한다. 좁아서 불쾌감을 또는 넓어서 시원함의 심리를 불러올 수 있다. 〈그림 2-32〉는 다양한 폭의 계단과 경사로의 예이다. 물론 바닥만 가지고 이러한 심리의 공간을 만들 수도 있으나 벽, 지붕의 조합에 의한다면 보다 더 강한 느낌을 주는 경우가 많다.

〈그림 2-32〉 계단, 경사로의 다양한 크기

그러나 이 심리에는 기본적인 바닥 폭의 크기가 인체의

〈그림 2-33〉 계단을 오를수록 왼쪽이 점점 줄어드는 계단

크기와의 관계 속에서 전제되어 있어야 한다. 바닥의 폭을 5m로 해놓고 좁은 심리를 유발시키는 공간을 만들고자 한다면 그리 쉽지는 않다. 또한 2m의 폭인 경우 어른에게는 넓지 않으나 아이에게는 넓다고 느낄 수 있는 **상대적인 측면**도 고려되어 치수를 적용해야 한다.

폭은 일정해야 한다는 선입견이 있을 수 있는데, 좁다가 넓어질 수도 있는 등 다양하다. 〈그림 2-33〉은 페이(I.M. Pei)가 삼각형이 동기가 되어 설계된 미국 국립미술관 동관의 한 계단으로써 계단을 오를수록 왼쪽이 점점 줄어든다. 보기에는 왼쪽으로 붙어 다니기가 부담스러워 보이나 실제 왼쪽으로서 오르고 내려가보면 그리 불편하지는 않다.

〈그림 2-34〉 어느 성당에서의 이용에 따른 차이가 있는 계단

▌방향

'곧다' 또는 '구부지다' 등의 느낌의 공간이다. 곧은 길은 목표점이 보이는 경우가 많으며, 시간이 짧게 느껴질 가능성이 높다. 반면에 구부러진 길은 목표점이 보이지 않으며, 시간이 길게 느껴질 가능성이 있으나 목표점의 찾는 호기심을 유발시킬 가능성도 있다.

또한 지위, 신분 또는 이용에 따른 차별을 보여주기도 한다. 곧는 길은 높은 신분의 사람이 사용하는 것이며, 그 외의 신분은 돌아가게 하기도 한다. 〈그림 2-34〉에서처럼 이용에 따로 다르게 사용하는 계단을 둔다. 궁궐, 성곽 또는 종교 건축에서 많이 볼 수 있다.

▮부담

'힘들다'거나 '쉽다' 또는 '편하다', '어렵다'는 느낌의 공간이다. 안전의 심리와 유사할 수 있으나 부담은 신체의 움직임 부담이 어느 정도인가가 포함되어 있다.

거리(距離)에 있어 멀거나 가깝다는 것으로 표현하기도 한다. 높이에 있어 높거나 낮다는 느낌을 가져다준다. 조망 또는 아래를 내려다보는 행위가 유발되는 높이를 갖는 경우도 있어 시원하다거나 상쾌한 기분이 들기도 한다. 또한 바닥 높이의 반복성에 따라 반듯하다거나 울퉁불퉁한 느낌을 주기도 한다. 시간적 개념을 포함하여 긴 거리만큼 긴 시간이 걸리는 것에 대한 부담을 느끼게 된다.

〈그림 2-35〉 경사로가 포함된 계단

경사에 있어 가파르거나 완만한 정도로 심리를 보여준다. 경사는 사람들이 많이 모이는 극장, 체육관 등의 객석이나 수직적 연결수단인 계단 및 경사로에서 느껴진다. 〈그림 2-35〉처럼 계단과 경사로를 혼합한 예도 있다. 또한 미로처럼 방향을 없앤 공간에서도 느낄 수 있으나 최소한 사람의 눈보다는 높은 벽이 있어야 한다는 전제이다.

▮안전

'위험하다'거나 '안전하다'고 느끼는 공간이다. 보통 아이들 공간에서 안전하기 위해 바닥을 푹신하거나 안전한 바닥으로 시공하는 예가 쉽게 떠올려진다. 〈그림 2-36〉에서처럼 어린이의 호기심을 위해 색과 안전한 재질의

〈그림 2-36〉 국립생태원 어린이 놀이터

〈그림 2-37〉 건물 밖으로 나오고 그 바닥이 유리로 되어 호기심을 일으키는 모습

〈그림 2-38〉 철망에 의해 돌이 유지되는 계단으로 정돈되어 보이나 철망에 의해 마감되어 거칠게 느껴진다.

바닥을 한 놀이공간을 볼 수 있다.

또한 바닥이 시각적으로 아래 건물들을 투영해 보이도록 하여 위험한 듯한 느낌을 주는 유리의 공간을 연출한다. 한 예로 〈그림 2-37〉처럼 높은 건물의 전망대 아래층이 없는 일부 공간의 바닥이 유리로 되어 있어 아래를 볼 수 있도록 함으로써 위험한 듯하게 하여 호기심을 불러일으키는 공간에서 느낄 수 있다.

패턴에 따라 이러한 심리가 나타나기도 한다. 규칙적이어서 예측되기 쉬운 패턴은 비교적 안전하나 불규칙적인 경우에는 불안함 또는 경고 등을 둘 수 있다. 차선 중 지그재그선으로 표현하여 주의토록 한 예가 그것이다.

또한 재질적인 면에서 거칠거나 부드러운 또는 딱딱한 생각이 들게 되는 공간이다. 〈그림 2-38〉처럼 정돈되어 보이지만 철망으로 마감되어 거칠어 보이는 사례이다. 화장실 바닥에 물이 남게 되면 사람이 미끄러져 넘어질 가능성이 있다. 이때 거친 부분이 포함된 타일이라면 미끄러짐을 방지할 수 있다. 거실이나 방의 바닥을 딱딱한 나무로 마감하는 경우가 있는데 그 재료 중에는 나무임에도 약간 부드러워서 힘껏 누르면 눌러지기도 한다. 이는 바닥에 넘어졌을 때 충격이 다소 완화되는 장점이 있으나 잘 긁혀서 자국이 남는 단점도 있다.

▮청결

'깨끗하다'거나 '더럽다'고 느껴지는 공간이다. 이로 인해 안심되거나 반대로 불쾌감이 조성되기도 한다. 청소할 때 바닥, 벽, 지붕(천장) 중 많은 비율을 차지하는 것이 바로 바닥이다. 그만큼 민감하다.

기어다니는 아이가 이용할 수도 있는 공간이라면 청결이 필수적이다. 거친 재질의 바닥보다는 반듯한 재질의 바닥을 시공하여 청소가 쉽도록 하여 청결을 유지한다. 또한 청소하기 용이한 크기의 공간, 더러움이 쉽게 보이는 밝은 색을 선택하는 것도 청결의 심리 덕택이다.

▮소리

'시끄럽다'와 '조용하다' 등 소리 유발과 반대로 음소거가 필요한 바닥에서의 심리이다. 도서관, 박물관 등에서 소음을 차단해야 하는 바닥의 고려와 그 반대로 공연장 등 소리를 잘 전달되도록 해야만 하는 바닥에 적용되기도 한다.

바닥 아래에 공간이 있거나 바닥재료가 나무 등으로 걸을 때 영향을 주기도 한다. 〈그림 2-39〉에서처럼 아이들의 놀이공간에 있어서 호기심을 자극하기 위하여 소리와 함께 빛이 발생되는 바닥을 설치하거나, 오히려 아이들의 안전을 위해 경각심을 주기 위한 소음을 발생시켜 접근에 유의토록 하는 것이 예이다.

〈그림 2-39〉 아이들의 호기심을 불러 일으키는 바닥

1) 개념

벽의 개념적 측면에서 살펴보고자 하는 것은 피난, 직립, 개구부, 영역, 하중, 층/켜이다.

▌피난

사람이 이 땅에 존재하면서 처음 거주공간으로 사용한 공간은 석굴이었다. 이 굴은 한 쪽만을 제외하고 위, 뒤와 옆이 모두 막힌 공간이다. 이러한 굴이 필요한 이유는 무엇보다도 많은 부분이 막혀서 재해로부터 사람을 보호할 수 있었기 때문이다. 자연재해의 측면에서 위가 막혀 있으므로 비, 눈 등을 피할 수 있었고, 한 쪽만 열려져 있기에 바람이 많이 들어오지 않았다. 또한 짐승들의 공격이 있다면 단단한 돌로 싸여 있어 든든했고, 공격의 방향을 예측할 수 있어 한 쪽만을 막으면 되는 곳이기도 했다. 그러나 사람의 힘이 주가 되어 인공적으로 만들어진 공간이기보다는 자연의 힘에 많이 의존한 공간이었다.

〈그림 2-40〉 박물관에 전시된 움집 모형

이후 사람들의 수가 늘어나고 자연적으로 생긴 거주공간의 한계를 느끼게 됨에 따라 인공적인 거주공간을 만들어야 했다. 이를 움집이라 한다. 〈그림 2-40〉 초기의 움집은 지붕과 벽이 구분되지 않았다. 바닥을 약간 깊게

팜으로써 높이가 낮은 벽의 역할도 볼 수 있다.

여러 사람이 모이면서 건축기술이 발달함에 따라 여러 채의 움집을 함께 짓게 되고 짐승의 공격과 다른 부족의 침입을 막기 위해 움집 주변에 지면과 수직으로 벽을 세우게 되었다. 벽은 피난을 위해 만들어졌던 것이다.

수직으로 세우는 벽의 기술이 발전함에 따라 지붕의 형태만이 있던 움집에서 벽과 지붕이 있는 집의 형태로 발전하였으리라 생각한다. 여기에 문을 달고, 창문을 달고 각종 수납의 역할을 하게 되어 벽의 기능을 확장하게 되었다.

벽은 다른 사람들이 침입 또는 쉽게 무너지지 않도록 변화되어 갔다. 쉽게 구하거나 가공할 수 있었던 나무에 의한 벽은 불에 약하기 때문에 돌이나 흙으로 재료를 바꾸었다. 전쟁에 의해 성의 침탈은 승패의 바로미터였다. 성의 벽은 튼튼한 돌로 마감하고 그 벽 주변에 수심이 깊은 강으로 둘러싸도록 하고, 벽을 잘 오르지 못하도록 〈그림 2-41〉에서처럼 경사지게 마감하기도 하였다. 화약이 발명되기 전까지 성벽은 누군가의 침입을 막기 위한 그 마을의 필수 조건이었다.

〈그림 2-41〉 일본의 성벽

▌직립

앞서 밝혔던 최초의 움집은 벽과 지붕이 구분되지 않았다. 그런데 사람은 직립하여 살아간다. 직립(直立)은 사람이 땅과 90도를 이루며 오랫동안 서있을 수 있는 기반이 된다. 둥근 지구에 만유인력이 작용하기 때문이다.

〈그림 2-42〉 누리마루 APEC 하우스의 경사진 벽

따라서 지면에 90도가 되어, 즉 직립(直立)이 된 벽은 사람에게 평행하여 매우 유용하다. 열고 닫을 수 있는 문과 창문을 설치할 수 있고 가구와 기구 설치와 선반을 달아 수납을 용이하게 한다.

요즈음에는 〈그림 2-42〉에서처럼 90도를 이루지 않는 벽들에 의해 디자인된 건물들이 많이 선보이고 있다. 벽은 90도여야 한다는 선입견을 깨고자 하는 것이며, 이는 90도가 그만큼 벽에 있어 중요하다는 반증인 것이다.

개구부

조각을 하는 사람과 건축물을 설계하는 사람은 모두 세상을 아름답게 한다. 근본적으로 차이나는 점이 건축물은 안을 비워 사람이 이용할 수 있어야 한다는 점이다. 안을 비우기만 하는 것이 아니라 사람이 안으로 들어가고 밖으로 나올 수 있어야 한다. 이러한 장치를 벽에 설치하고 **문(門)**이라 하였다.

그런데 초기의 움집은 사람들의 행동은 거의 밖에서 이루어지고 잠만 자는 공간이었으나 점차 실내에 계속 머물고 싶다는 생각을 하게 된다. 실내에 계속 머물러 있으려면 안과 밖의 소통이 가능하도록 해야 한다. 이 경우 문 외에 다른 장치를 필요로 하였다.

그냥 뚫려 있기만 해서는 안 되고 다양한 소통이 열림과 닫힘을 구성할 수 있어야 한다. 즉 **빛, 소리, 냄새, 풍경, 피난, 온도조절, 사람 재실(在室) 여부** 등을 조절하는 장치를 벽에 설치하고 **창문(窓門)**이라 한다.

〈그림 2-43〉 옆으로 뿐만 아니라 위로도 열리는 창문

햇빛이 실내에 들어가고 잠을 잘 때는 빛을 막는다. 이 경우에 단순히 빛만이 아니라 열(熱)에너지를 들여놓거나 차단할 수 있음에 유의해야 한다. 여름에는 시원하도록 바람이 불어 들어가고 겨울에는 바람이 안 들어오도록 해야 한다. 실내의 연기나 냄새가 빠져나갈 수 있어야 하며, 풍경을 보거나 밖의 소리를 들을 수 있거나 차단할 수 있어야 한다.

사람의 시선보다 높은 곳에 달린 고창(高窓)은 높은 온도의 공기가 빠져나가는 데 어느 창보다 유리하다. 또한 실내에 불이 켜졌는가에 따라 소등(消燈)의 필요나 사람의 소재(所在) 여부를 간접적으로 보여주기도 한다. 고창의 개폐가 가능하지 않고 유리로만 되어 있는 경우에는 하늘에 대한 조망이 가능하고 햇빛을 들여놓거나 차단은 가능하나 환기 등은 어렵다.

창문이 없는 주거공간은 사람의 인성(人性)을 잃어버리게 할 수도 있다. 영화 '올드보이'에서 창문 하나 없는 방에 오랫 동안 갇혀 지내던 주인공이 벽을 젓가락 하나로 뚫어 그 틈으로 손을 내밀어 비를 느끼던 장면은 매우 인상적인 장면의 하나로 내겐 남아 있다. 특히 우리가 늘 숨 쉬려면 마셔야 하는 공기와 같이, 그리고 〈그림 2-44〉에서 보이는 실존(實存)의 개념으로 빛을 건축에서 많이 이야기하는 것에 주목할 필요가 있다. 그만큼 건축가는 빛과 건축물 사이에 어떤 관계를 맺을 것인가에 대해 잘 설계할 필요가 있다는 이야기이다.

문과 창문, 그리고 그냥 뚫린 벽을 합해 **개구부(開口**

〈그림 2-44〉 실존의 의미를 논할 때 늘 거론되는 알베르토 자코메티(Alberto Giacometti)의 작품 중 하나

〈그림 2-45〉 알바 알토(Alvar Aalto)의 MIT 기숙사의 현관의 디자인

部)라 한다. 바닥과 지붕과 달리 벽에는 이러한 개구부가 반드시 필요하며, 창문이 생략되고 천창(天窓) 또는 기계적 공기순환장치로 대신하는 경우도 있다. 또한 문은 사람이 충분하게 들어가고 나올 수 있는 크기를 전제로 만들어지는 것이 일반적이지만 배관이나 기계적 장치 점검만이 필요한 경우에는 그렇지 않다. 창문은 사람이 들어가고 나가는 크기를 전제로 하지는 않으나 피난을 위한 고려는 되어야 한다.

〈그림 2-46〉 동대문디자인 플라자의 디자인박물관의 경사진 출입구

개구부는 열고 닫히는 조절에도 유의하여야 한다. 일반적으로 손이 닿을 수 있어야 하고 손이 닿는다 하더라도 손잡이의 위치가 문의 무게중심에 의해 안 열리는 일이 없도록 주의할 필요가 있다. 문을 경사진 벽에 설치할 경우에는 문이 회전하는 여닫이가 아닌 미닫이가 용이하다. 그러나 요즘은 기계적 장치에 의한 리모컨 또는 〈그림 2-46〉과 같이 센서 설치로 손이 안 닿더라도 열고 닫음이 가능하다.

〈그림 2-47〉 제주 추사관의 개구부

개구부는 반드시 사람의 눈 위치에 맞춰야 하는 것은 편견이다. 건물 형태의 다양한 개념에 따라 눈 위치에 맞지 않더라도 개구부를 둘 수 있다. 〈그림 2-47〉의 제주 추사관의 개구부는 원형 창이 인상적이지만 바닥에 가깝게 낮은 개구부도 상당히 인상적이다. 아래로 길게 깔린 개구부로 인해 햇빛이 강할 때는 그다지 어두운 공간은 아니며 경건한 느낌의 공간인 것이다.

영역

영역은 힘이 미치는 **범위** 또는 **경계**의 의미를 갖고 있다. 영역은 **공간을 구분하는 것**에 있다. 신체, 군집, 기능 등에 의해 공간이 구분된다. 영역의 크기는 일정하지 않으며, 그 이유는 다양하다.

〈그림 2-48〉 벽으로 구분된 빔 프로젝트에 의한 놀이공간

움집에 자는 공간만 두지 않고 밖에서 피던 불을 안으로 들여오게 된다. 그럼으로써 집안을 덥히고 음식을 실내에서 만들 수 있는 바탕이 되었다. 이후 집안의 공간을 분리하게 된다. 안을 덥히는 역할의 공간과 음식을 만드는 공간을 구분하게 되는데, 남자의 공간과 여자의 공간으로 구분되는 것이다. 이 구분에 따라 집안에서 최초의 영역이 보여진다.

〈그림 2-49〉 빔프로젝트에 의한 놀이공간 내부

물리적으로 신체적 크기를 바탕으로 영역을 언급하는 경우가 많다. 사람이 자는 공간은 최소한 사람의 키에 의한 높이와 좌우로 구를 수 있는 폭을 지녀야 할 필요가 있다. 둘 이상이 모여 서로 대화를 함에 있어 얼굴이 보이고 대화하는 소리가 서로에게 전달될 수 있는 범위를 영역이라 하기도 한다. 이와 같은 예처럼 시각적·청각적으로 벽으로 구분하는 것이 확실한 영역의 표현이지만 반드시 벽으로 구분되어야 하는 것은 아니다. 가구의 설치 또는 바닥 표현의 다름 등으로도 영역이 구분된다.

영역이라 하여 공간을 구분함은 **사생활 보호**라는 측면에서도 살펴볼 수 있다. 보호의 정도를 어떻게 하느냐 또는 열리고 닫히는 정도를 얼마나 하느냐에 따라 개구부가 없는 벽에서부터 시작하여 개구부가 있는 벽, 낮은

〈그림 2-50〉 한옥에서 문이 지붕에 매달려 올려진 모습

벽, 매개공간의 설치, 가구의 설치, 바닥의 표현, 거리 등 다양하게 적용할 수 있다.

우리나라의 한옥에서 일반적으로 미닫이문에 의해 닫혀진 공간인데 〈그림 2-50〉에서처럼 문을 지붕에 매다는 방법으로 인해 많은 사람이 모이는 제사 등 필요한 때에 영역을 넓히는 모습을 볼 수 있다. 공간을 구분하기 위한 벽이지만 낮아서 시각적으로는 서로 볼 수 있어 시각적으로 넓은 영역인 경우도 있다.

▍하중

하중에 있어서 바닥, 벽, 지붕 중 제일 중요한 것을 손꼽으라 하면 바닥이다. 바닥의 하중이 버티지 못한다면 벽, 지붕의 하중도 아무런 의미가 없기 때문이다. 그럼에도 불구하고 바닥에서 하중이란 측면을 많이 다루지 않은 이유는 시각적으로 벽과 지붕에서 하중의 기능적 부분이 많이 보여지기 때문이다.

벽은 하중에 있어 다양한 역할을 한다. 벽이란 자체 하중이 있으며, 지붕의 하중 역시 바닥으로 전달해야 하기 때문이다. 수직하중으로 지붕의 하중, 부재 자체의 고정하중, 가구나 사람들의 적재하중을 견딘다.

이러한 벽에 개구부를 많이 뚫기가 어려웠다. 뚫리면 그만큼 건축구조가 약하게 되기 때문이다. 이를 위해 벽 외에 기둥을 만들었다. 벽이 공간 사이의 나누는 역할만 하는 것으로 하게 되면 기둥이 이러한 하중을 온전히 받아 바닥과 기초에 전달하게 된다. 〈그림 2-51〉과 같은

〈그림 2-51〉 하이뮤지엄의 기둥과 벽의 역할 분리 모습

경우이다. 외부를 차단하는 유리창으로만 된 벽을 **커튼월**(Curtain Wall)이라 한다. 그럼으로써 하중에 자유로운 벽이 가능하고 이에 따라 기둥에 의해 분리되지 않는 기다란 창이 가능하게 된다.

▌층, 켜

층이란 2개 이상의 것을 **겹치는 의미**를 갖고 있다. 예를 들어 빌딩은 바닥과 공간을 계속적으로 위로 겹쳐 쌓아 올린 것으로 '25층'이면 25개의 공간을 수직으로 쌓은 것이다. 켜도 같은 의미이며, 레이어(layer)라고도 한다. 보통 지반 또는 바닥에 사용되는 용어였으나 현대건축에서는 벽에서도 개념적으로 사용된다.

벽은 크게 두 가지 방법으로 층을 이야기한다.

우선 사람의 피부가 다양한 층으로 구성된 것처럼 벽의 재료와 기능에 따라 **벽 자체에 다양한 재료를 맞대어 만들어진 벽**을 층으로 설명할 수 있다. 콘크리트, 벽돌, 나무, 석재 등의 재료에 단열의 기능을 넣기 위해 다양한 층으로 벽을 구축하거나 실외와 실내의 재료가 다르게 제작된 벽에서 층이라 한다. 단열을 위해 공기층을 둔 벽에서는 재료가 겹치지 않고 다소 떨어져 보일 수 있다.

두 번째 방법은 **벽을 서로 간격을 두고 중첩되어 구축하는 방법**이다. 보통 실내와 실외를 구분하는 벽 외에 가**벽을 설치**하거나 〈그림 2-52〉처럼 계단을 사이에 두고 계단이 이동하면서 그 간격에 맞게 벽을 설치하여 **벽의 겹침**이 보이는 방법이다.

〈그림 2-52〉 페이의 국립미술관 동관의 계단에서 벽의 겹침 모습

〈그림 2-53〉 다양한 벽의 겹침이 보여지는 건축가 안도 타다오 작품의 미술관

〈그림 2-54〉 왼쪽으로 튀어나온 부분이 외부공기를 차단한 실내처럼 보인다.

공간에 하나의 벽만을 두르는 것이 일반적이다. 벽에서 하중을 받는 부분을 기둥이란 요소로 분리해내고, 실내와 실외로 이분법으로만 나누던 공간이 반실내, 반실외의 공간들을 만들어내어 다양한 공간들을 연출하기 시작했다. 지붕 없이 벽으로만 막힌 공간, 자연적 요소를 실내로 가져오기 위한 공간 등이다.

〈그림 2-55〉 개구부가 단순하게 뚫려 있어 실외 공간임을 알 수 있다.

이를 위해 장식적 의미로 벽을 더하는 건축물들이 등장하기 시작했다. 이를 통해 건축물 입면의 다양성을 시도할 수 있는 토대가 되었다. 〈그림 2-54〉는 미국 홀로코스트 추모관으로 왼쪽으로 튀어나온 둥근 벽은 실내·외를 구분하는 벽으로 보인다. 그러나 〈그림 2-55〉를 보면 둥글게 튀어나온 부분의 공간이 실내가 아니고 실외임을 알 수 있다. 즉 실내·외를 구분하는 벽 앞에 또 다른 가벽을 두어 준실내공간 또는 준실외공간을 만든 사례이다.

다양성을 보여주기 위해 다른 색채, 크기, 패턴, 재질의 벽으로 겹치기도 한다. 단층이 아닌 건물에서 1층에 벽을 설치한 위치와 다르게 2층 이상에 설치하면서 두 개의 벽이 별개로 보이는 경우도 있다. 보통 벽의 돌출 또는 함몰의 방식에 의한 것이다. 〈그림 2-56〉은 슈뢰더주택으로 하나의 발코니에는 2개의 다른 난간을 설치했다. 이로써 난간벽이 짧은 길이를 갖는다. 또한 높이 측면에서 아래로 길게 내려서 사각형의 비례가 되도록 하였으며, 실내·외를 구분하는 벽과는 또 다른 가벽처럼 보이게 했다. 슈뢰더주택은 〈그림 2-57〉의 몬드리안

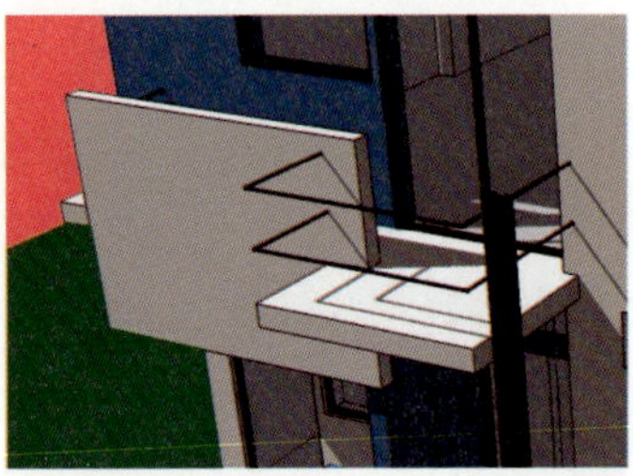

〈그림 2-56〉 슈뢰더주택의 난간벽을 벽과 분리되어 만듦으로써 벽의 겹침이 보여지는 3D 모습

형식의 그림처럼 데스틸(De Stijl)의 입체적 작품으로 유명하다.

〈그림 2-57〉 몬드리안 그림

2) 구축요소

벽에서 구축요소적 측면에서 살펴보고자 하는 것은 공간, 형태, 크기, 바닥, 두께, 개구부, 기둥과 보, 마감, 설비이다.

▮공간

공간은 자연적으로 비어 있는 곳을 무언가가 놓여지거나 둘러싸임에 의해 사람의 행위나 심리가 유발되며 크기를 가늠할 수 있다. 즉 크기를 정확하게 잴 수 있는 곳만을 공간이라 하지 않는다. 그리고 완전하게 둘러싸인 곳만을 공간이라 하지 않는다. 의자 하나만이 놓여 있어도 공간이라 할 수 있다.

다만, 실내와 실외라는 구분에 의해 일시적으로 폐쇄할 수 있는 공간을 '실내공간'이라 하며, 그렇지 않은 공간을 '실외공간'이라 한다. 앞서 〈그림 2-54〉와 〈그림 2-55〉에서 본 바와 같이 실외에 가까운 실내공간, 실내에 가까운 실외공간을 '준' 등의 접두어를 붙여 '준실내공간', '준실내공간'이라 하여 중성적 공간 또는 서로 다른 공간을 연결하는 '매개공간(媒介空間)'이라고도 한다.

〈그림 2-58〉 로제센터 유리로 인해 실내의 공간이 비어짐이 보여지고 있는 모습

벽은 지붕, 바닥에 비해 사람의 눈높이와 시선에 많은 범위를 차지하여 실내공간의 둘러싸임에 있어 영향을 가장 많이 끼친다.

〈그림 2-59〉 곡선의 벽과 계단

〈그림 2-60〉 페이의 국립미술관 동관의 매스와 같은 벽

형태

벽을 위에서 볼 수 있다면 1차원적인 선으로 보이기도 한다. 직선, 사선, 곡선 등의 형태를 볼 수 있다. 〈그림 2-59〉는 곡선의 벽의 예이다. 이때 선의 폭(또는 두께)에 따른 길이에 따라 선으로 인식되기도 하지만 누구에게는 상대적으로 매스로 인식될 수 있다.

2차원적인 면의 형태로 선, 원, 사각, 불규칙 등 형태가 있다. 위에서 내려다보는 벽의 형태에서 면을 느낄 수 있으나 보편적으로는 직립한 사람과 평행한 관점에서 벽을 볼 때 느끼는 경우가 대부분이다. 가장 많은 형태는 사각형이며, 원 또는 역삼각형 등 바닥과 한 점만을 지지해야 형태가 이루어지는 경우에는 홀로 서 있는 경우는 드물고 또 다른 벽과 함께 지지되며, 역동적이고 불안정해 보일 수 있다.

3차원적인 매스에 의한 형태이다. 〈그림 2-60〉은 미국 워싱턴의 국립미술관 동관에서 보여지는 삼각형 단면의 벽이 하나의 예이다.

사실 일반적인 벽 모두가 3차원 매스이다. 두께가 존재하기 때문이다. 다만, 실내공간에서 벽의 두께가 인식되지 않는 경우에 벽에 두께가 있다고 실감하기 어려운 경우가 있다. 얇은 유리로 벽을 이룬 경우나 축척이 상당히 작은, 예를 들면 1/500의 도면에서 벽의 선이 너무 가늘어 선으로 인식된다.

크기

하나의 벽 자체 크기가 있으며, 바닥, 벽, 천장 등에 의한 둘러싸임에 의한 크기가 있다. 일반적으로 사람의 크기에 대해 상대적으로 크거나 작게 표현된다. 또한 사람이라도 아이일 때와 어른일 때의 신장이 다르므로 크기에 의한 심리는 다르다. 또한 사람의 수에 따라 적절한 공간의 크기는 다르다.

길이라는 측면의 크기로 폭(두께), 높이, 깊이 등이 있으며, 각도라는 측면의 크기로 원, 호가 있다. 재료 단위의 크기도 다양하다. 〈그림 2-61〉에서 벽의 폭(두께)의 다양함을 볼 수 있다.

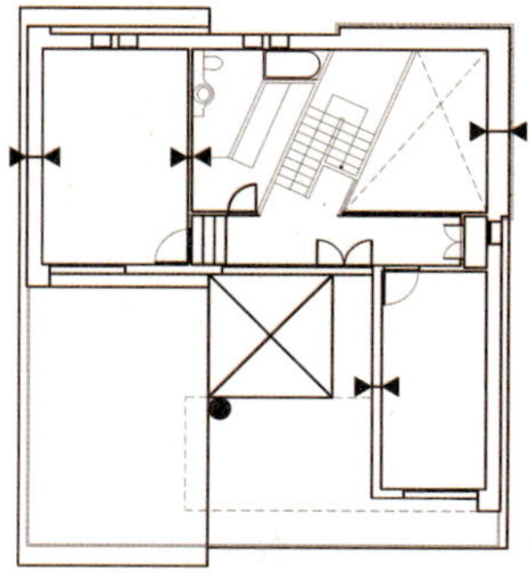

〈그림 2-61〉 다양한 벽의 두께를 보여 주는 개념 그림

바닥

바닥과 벽이 어떻게 붙어 있는가에 대한 관점이다.

크게 지지, 부유, 반(反)부유로 구분하였다. 〈그림 2-62〉에서 그 예를 보여준다. '지지(支持)'는 대부분 바닥과 벽이 90도로 붙어 있는 형태를 말한다. 일반적으로 많이 보이는 형태이다. '부유(浮游)'는 벽과 바닥이 붙지 않은 형태를 말하며, 수직적 관계에서 붙지 않은 경우에 한한다. '반부유(反浮游)'는 벽과 바닥이 붙지 않는 점에서 부유와 같으나 수평적 관계에서 붙지 않는 경우를 말한다. 〈그림 2-62〉에서 1은 부유이며, 2는 지지, 그리고 3은 반부유의 예를 보여준다.

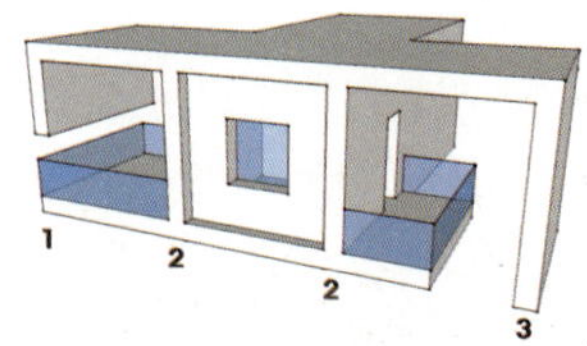

〈그림 2-62〉 바닥과 벽의 붙여짐의 여부에 따른 유형
1. 부유/2. 지지/3. 반부유

〈그림 2-63〉 하이 뮤지엄의 떠 있는 벽

부유의 경우 벽면의 크기는 작으나 그리 흔한 모습이 아니라서 경외감을 느낄 수 있으며, 아래가 붙지 않음에

따른 경쾌함, 가벼움을 느낄 수 있다. 〈그림 2-63〉의 예이다.

반부유의 경우 2층에 있어 2층 바닥 또는 1층 지붕(천장)이 벽에 붙지 않아 큰 벽면을 만들 수 있고, 높은 공간을 만들 수 있는 장점이 있다. 단독주택의 사례에서 거실 부분을 이처럼 2층 바닥을 비워내 만드는 수법으로 자주 보여진다.

〈그림 2-64〉 벽의 두께에 따른 유형
1. 돌출 / 2. 함몰 / 3. 보이드

▌두께

기준이 되는 벽의 두께에서 일부가 다르게 될 때 3가지 유형이 있다고 본다. 첫째가 돌출이며, 두 번째가 함몰 그리고 마지막으로 보이드이다.

'돌출(突出)'은 기준이 되는 벽보다 튀어나와 더 두껍게 되는 경우이다. '함몰(陷沒)'은 벽이 안으로 들어가 더 얇게 되는 경우이다. '보이드(void)'는 벽이 뚫어져 벽두께를 인식할 수 없는 경우이다. 〈그림 2-64〉에서 1은 돌출이며, 2는 함몰, 3은 보이드이다.

〈그림 2-65〉 중국 공원의 어느 벽의 다양한 개구부

일반적으로 돌출이나 함몰, 그리고 보이드는 없도록 해야 공간을 기능적으로 잘 활용할 수 있다. 예를 들어 벽과 기둥이 함께 있는 경우에 기둥이 벽에 비해 튀어나오게 되는데, 그 경우 가구 등의 배치가 용이하지 않는 경우가 많다. 그러나 이 경우 기능적으론 만족하나 특징이 없는, 특별함이 없는 공간일 수 있다. 이에 돌출, 함몰, 보이드를 적절히 사용하여 디자인된 공간을 창출할 필요가 있다.

〈그림 2-66〉 국립생태원의 부속건물 개구부

▌개구부

개구부의 크기, 위치, 개수, 형태, 재료, 구조, 시각적 정도에 따라 다양한 개구부가 가능하다. 개구부는 사각형이어야 한다는 원칙은 없다. 다양한 형태로 만들 수 있다. 〈그림 2-65〉는 중국 북경의 어느 공원의 벽이다. 사각형, 오각형, 육각형, 팔각형 등 다양한 형태의 개구부를 볼 수 있다. 〈그림 2-66〉은 국립생태원의 부속건물로 개구부를 보면 마치 나무의 기둥처럼 불규칙한 형태를 가지고 있다. 〈그림 2-67〉은 미국 컬럼비아대학 한 건물의 개구부이다. 해체주의 건물의 하나이다.

그리고 햇빛을 피하는 차양장치, 즉 루버, 커튼, 블라인드 등과 함께 사용되는가에 따라서도 다양한 형태의 창문을 볼 수 있다. 〈그림 2-68〉은 르 코르뷔지에의 작품으로 Carpenter Center for the Visual Arts의 개구부이다. 창문에 삼각형의 공간을 둠으로써 차양장치를 단 효과를 주고 있다.

또한 문의 여는 방식에 따라 주의사항이 있다. 여닫이의 경우 문의 회전에 따라 그 공간이 반드시 비워져야 하고, 미닫이의 경우에는 문이 벽 안으로 들어가는 예에서는 벽의 길이가 문의 폭만큼 확보되어 있어야 하며, 문이 노출된 경우 여닫이문에 비해 문의 폭이 커질 수 있으며, 바닥에 레일이 있거나 위쪽 문틀에 바퀴 등이 달릴 수 있다.

〈그림 2-67〉 컬럼비아대학교 건물 중 하나의 개구부

〈그림 2-68〉 르 코르뷔지에 Carpenter Center for the Visual Arts의 개구부로 창문에 삼각형의 공간을 둠으로써 차양장치를 단 효과를 주고 있다.

▌기둥과 보

기둥과 보를 벽과 구분하여 건축에 있어 주요 요소로

〈그림 2-69〉 한옥의 기둥과 보

〈그림 2-70〉 그리스 파르테논신전의 기둥으로 기둥의 지름이 일정하지 않고 윗쪽 지름보다 아래쪽이 크다.

〈그림 2-71〉 부산 누리마루 APEC 하우스의 기울어진 기둥

보고 분석한 이론서가 있다. 여기서는 앞서 밝힌 대로 바닥, 벽, 지붕(천장) 등 세 요소만을 주요 요소로 보기에 벽에서 기둥과 보를 설명하기로 한다.

집을 처음 짓기 시작한 시기에는 지붕+벽, 바닥으로 둘러싼 움집이 일반적이고 좀 더 나아간 형태가 벽을 수직으로 세워 공간 활용도를 높인 지붕, 벽, 바닥으로 분리된 것이었다. 그런데 벽은 두 가지 역할이 있다고 확인하였다. 안과 밖을 구분하는 역할과 다양한 하중을 지탱하는 구조적 역할이다. 이를 구분하여 기둥과 보가 생겨났던 것이다. 〈그림 2-69〉의 한옥에서 외벽면을 보면 나무가 구조재이고 흙벽이 내외를 구분하는 역할을 담당했다. 즉 저자는 기둥과 보를 애당초 벽에서 파생된 것으로 보는 입장이다.

이러한 기둥과 보는 각 위치마다 다양한 하중을 이겨낼 수 있어야 한다. 그리고 적절하고 다양한 단면의 크기와 길이를 가지고 간격에 맞춰 배열하게 된다. 콘크리트, 나무, 철골 등 다양한 재료와 사각, 원, 삼각 등 다양한 형태로 제작된다.

기둥이 일정한 두께를 가져야 하는 것은 아니다. 〈그림 2-70〉은 그리스의 파르테논신전으로 여기서의 기둥 지름이 일정하지 않고 기둥의 윗쪽 지름보다 아래쪽 지름이 더 큼을 알 수 있다. 배흘림이라 하여 2/3 지점이 제일 두껍다.

또한 기둥이 반드시 수직이어야 하는 것은 아니다. 수직이어야 경제적인 것은 맞다. 〈그림 2-71〉에서의 부산 누리마루 APEC 하우스에서 직립한 기둥과 함께 기울어진 기둥을 볼 수 있으며, 이 때문에 매스가 보다 더 가벼운 느낌을 갖게 되었다.

그리고 일반적인 기둥의 형태가 아닌 예도 많다. 〈그림 2-72〉의 토요 이토(Toyo Ito)의 일본 센다이 도서관에서는 강관의 구성 형태로 기둥과 코어를 담아냈다.

〈그림 2-72〉 일본 센다이 도서관의 기둥 겸 코어

▮마감

벽을 구축하는 재료 그대로 마감되기도 하지만 구축하는 재료와 다르게 마감하기도 한다. 예를 들어 벽돌이 벽을 구축하는 주재료라 하더라도 벽돌이 쌓아진 후에 생긴 벽면에 시멘트를 발라 평활한 벽면을 구축하기도 한다. 또 이러한 벽면 앞에 또 다른 벽면을 구축하여 분할된 이미지의 벽면을 넣기도 한다. 앞서 얘기한 층, 레이어 개념이다.

마감은 시각적으로 어떠한 느낌을 줄 것인가, 그리고 만졌을 때 어떻게 느낄 것인가를 고려해야 한다. 따뜻하게 아니면 차갑게 등의 시각적 느낌이나 만지면 도드라지게 느끼도록 할 것인지 반듯한 느낌일지 등을 선택해야 한다. 그리고 어떠한 형태, 크기, 패턴, 색 등도 고려해야 한다. 〈그림 2-73〉의 홀로코스트 기념관의 철의 차가움과 벽돌의 따뜻함을 대비시킨 모습을 보여주고 있다.

〈그림 2-73〉 철의 차가움과 벽돌의 따뜻함이 대비된다.

▮설비

바닥, 벽, 지붕(천장) 중에 사람이 지속적으로 사용하거나 관리를 지속적으로 할 필요가 있는 경우에 연결되는 설비는 벽에 하게 된다. 세면대, 욕조, 변기, 싱크대 등의 급수시설들은 벽을 통해서 이루어지며 배수시설은 바닥이나 지붕(천장)을 뚫게 된다.

기능적 측면에서 스위치, 전기, 전화, 인터넷 등의 연결을 위해 장치가 내장되거나 콘센트처럼 일부를 노출시켜 관리되도록 한다. 실의 용도에 따라 개수와 위치가 결정된다. 예를 들어 전기스위치나 난방조절기 등은 사람이 서서 편하게 조절 가능한 위치에 설치하고 자주 손을 댈 필요가 없는 콘센트, 전화, 인터넷 등은 낮게 위치하게 된다. 침실인 경우 옷장이 놓일 것으로 예상된 벽에 콘센트 등의 설비는 의미가 없으며, 텔레비전이 놓일 경대와 같은 낮은 가구가 예상되는 벽면의 경우에는 경대보다 높게 위치시키기도 한다.

3) 행위

벽에서의 행위적 측면에서 살펴보고자 하는 것은 **방해, 출입, 설치, 시야, 접촉**이다.

▌방해

길을 가다가 벽을 만나면 '막혔다', '차단되었다', '방해받았다'는 느낌이 우선적이다. 〈그림 2-74〉의 미로의 벽에서 헤매는 경험을 했다면 '방해'가 쉽게 이해될 것이다. 벽은 사람의 키보다 높은 것이 일반적이어서 '방해'를 행위적 측면에 있어 첫 번째로 놓은 이유이다.

〈그림 2-74〉 미로의 벽 일부

예를 들어 막힌 벽이 길을 안내하는 역할을 하게 되면 '벽을 따라 간다', '벽을 피해 간다' 등의 행위가 일어나며, 벽이 쉽게 넘을 수 있을 정도로 낮은 경우에는 '벽을 넘는다'는 뜻밖의 행위가 있을 수 있다.

▮출입

'출입(出入)'은 개구부, 즉 문 또는 간혹 창문을 통해 들어가거나 나가는 행위가 일어나는 경우이다. 열리거나 닫힘의 '개폐(開閉)'와도 관련이 있다. 〈그림 2-75〉와 같이 벽에는 그냥 뚫리거나 막힌 부분이 있으며, 뚫린 부분에는 창문과 문이라는 장치를 넣기도 한다. 이 장치들을 열거나 닫는 행위가 있을 수 있다.

〈그림 2-75〉 뉴욕 현대미술관의 개구부

개구부 장치의 개폐방식에 따라 행위가 다르게 일어난다. 예를 들어 여닫이의 경우 앞으로 밀거나 당겨서 여는 행위이나 미닫이의 경우에는 옆으로 밀거나 당겨서 열거나 닫는 행위 또는 위로 올리거나 내려서 열거나 닫는 행위가 일어난다.

그러나 사람 인지장치에 따른 자동 개폐장치와 리모컨, 사물인터넷 등의 발달로 개폐의 행위는 달라질 수 있다. 사람의 손이 닿는 위치에 손잡이 등의 개폐장치가 있어야 한다는 선입견도 점차 사라질 전망이다.

〈그림 2-76〉 국립 생태관의 개구부

▮설치

바닥이나 지붕(천장)에 비해 벽은 사람의 손이 닿기가 쉽다. 이에 무언가를 '설치'하는 경우가 많다. '놓다', '달

〈그림 2-77〉 벽을 두껍게 하여 텔레비전을 넣은 모습

다', '붙이다', '떼다' 등의 행위가 일어난다. 건축설비와의 연결을 위한 전화, 인터넷, 방송, 각종 스위치, 전기 등의 콘센트가 벽에 설치되는 이유이기도 하다.

가구나 선반을 설치하여 물품을 올려놓는 경우도 있고, 〈그림 2-77〉처럼 벽을 두껍게 한 것처럼 보이는 곳에 안을 비워내어 텔레비전, 냉장고 등 각종 물품, 벽난로 등을 넣어 문을 달아 밖에서는 무엇이 있는지 모르거나 굴뚝이 안 보이도록 하기도 한다.

〈그림 2-78〉 사람의 눈높이와 비교되는 다양한 형태의 창문

▌시야

벽에는 창문 같은 개구부가 있게 마련이다. 이 개구부에 의해 바깥 또는 반대편 풍경에 대한 '시야(視野)'가 펼쳐진다. 개구부의 크기, 위치, 형태 등에 따라 다양한 행위가 발생한다.

개구부가 바닥에서 시작하는 높이에 따라 '서서 본다', '넘겨 본다', '앉아서 본다', '눈을 바닥에 가까이 내려서 본다' 등의 행위가 일어날 수 있다. 〈그림 2-78〉에서는 사람의 눈높이와 비교되는 다양한 형태와 크기의 창문을 볼 수 있다. 개구부의 크기가 작다면 '한쪽 눈을 감고 본다'는 행위가 일어날 수 있으며, 〈그림 2-79〉와 같이 벽면에 또는 개구부에 거울이 설치된 경우 '비춰본다'는 행위가 발생한다.

〈그림 2-79〉 비춰보는 행위가 수시로 일어나는 조형물

▌접촉

벽은 손이 닿기 쉬운 부분이다. 바닥은 서 있을 때는

허리를 굽혀야 닿을 수 있거나 바닥에 앉아야 손을 대기가 용이하다. 천장은 손이 닿는 낮은 천장만이 가능하다. 그렇기에 벽을 '만진다', '두들긴다' 등의 행위가 발생할 수 있다. 이러한 행위를 위해 〈그림 2-80〉은 김준성의 북하우스(포레스타)인데, 자연 느낌의 촉감이 있는 나무재질의 자재를 사용했다. 〈그림 2-81〉은 김현의 Chasm인데 두들기면 소리가 발생할 것 같다. 그러나 몸 중에서 손만이 '접촉'에 관련되는 것은 아니다. 등이 접촉한다면 '기댄다'는 행위가 일어나며, 낮은 벽 위에 엉덩이가 접촉하여 '앉는다'는 행위가 발생될 수 있다.

바위로 뒤덮인 자연에서 암벽타기를 하기 전에 연습 또는 스포츠의 하나로 인공암벽을 만들 때 손이 자주 닿는 벽인 것이다. 아이가 다양한 사물에 대한 인지를 위해 〈그림 2-82〉처럼 다양한 재질의 벽을 설치한 놀이공간에서도 사용될 수 있다.

또한 '안전'이라는 주제에서도 쓰일 수 있다. 벽에 몸을 부딪치는 행위를 하도록 또는 아이의 어떤 행동에도 안전하도록 부드러운 재질을 벽에 사용하기도 한다. 거친 재료를 벽에 사용함으로써 벽에 접근하지 못하도록 주의를 주어 안전하게 하기도 한다.

4) 심리

벽에서의 심리적 측면에서 살펴보고자 하는 것은 높이, 넓이, 길이, 두께(깊이), 무게, 힘, 안전, 경사, 전환, 흐름, 기타이다.

〈그림 2-80〉 나무재질의 벽면

〈그림 2-81〉 통통 소리가 날 것 같은 벽면

〈그림 2-82〉 아이의 암벽타기

▮높이

벽이 '높다' 또는 '낮다'는 느낌이 드는 경우이다. 일반적으로 사람의 키와 관련이 있고, 사람의 눈높이에도 관련이 있어서 벽에 의해 시야가 터지느냐 안 터지느냐에도 심리에 영향을 준다. 지붕 또는 천장의 높이와도 관련이 있다.

벽이 사람의 키보다 높을 경우 심리적으로 압박감을 주게 되며 그 벽을 일단 피하는 행동을 하게 된다. 너무 높은 벽이면 폭우, 태풍, 지진 등에 의해 무너지지 않을까하는 공포심까지도 불러올 수 있다.

〈그림 2-83〉 안면도 국제꽃박람회의 사람의 눈높이에 개구부가 있는 벽

〈그림 2-83〉에는 사람의 눈높이에 있는 개구부나 사람의 눈보다 낮은 벽인 경우 지금 서있는 공간과 벽 너머의 공간과의 관계가 보이면서 궁금증이 다소 해소된다. 이로써 어떤 선택에 도움을 받을 수 있으며, 이에 따른 움직임의 방향을 결정하기도 한다. 벽의 높이가 충분히 낮아 사람이 용이하게 넘어갈 수 있는 경우에는 벽을 넘고 싶어 하는 심리가 생겨날 수 있다.

▮넓이

벽의 넓이에 따라 '넓다' 또는 '작다' 등의 심리가 발생한다. 넓이는 2차원적인 것으로 가로방향 또는 길이와 세로방향 또는 높이에 따라 좌우되며, 폭, 재료, 구조 등도 관련되어 심리가 나타나게 된다.

일반적인 벽면의 넓이보다 클수록 경험하지 못한 크기에 신기하다고 느낄 수 있으며, 전시를 위한 벽인 경우 다양한 전시가 가능하게 된다. 예를 들어 단독주택에 있어 거실을 다른 방들에 비해 2층 높이로 하는 사례가 많이 보이는데, 그 이유가 일반적인 아파트 등에서는 경험할 수 없기 때문이며, 커다란 액자의 그림 또는 족자, 현판 등을 소장한 미술관은 〈그림 2-84〉와 같이 넓고 높은 벽면을 가질 수 있도록 미술관을 설계할 수밖에 없다.

〈그림 2-84〉 다양한 전시가 예상되는 넓고 높은 전시벽

▮길이

벽의 길이에 따라 '길다' 또는 '짧다', '보통이다' 등의 심리가 발생한다. 벽을 따라 길이 있다면 거리에 따른 심리도 있다. 그리고 시간 개념도 있어서 '오래 걸린다' 또는 '금방이네' 등의 심리도 보여질 수 있다. 〈그림 2-85〉처럼 벽이 길더라도 전시물이 있어 지루하지 않는 경우도 있다.

〈그림 2-85〉 전시물이 있어 지루하지 않는 긴 전시벽

상당히 길고 높은 벽인 경우에 아무 장치 없이 벽만 있는 경우에 지루함을 느낄 수 있다. 이에 대한 보완책으로 짧은 벽과 난간 등의 교대하여 설치 또는 개구부의 다양한 활용 등으로 다양한 구경거리가 가능하도록 하는 것이 좋다. 또한 꽃, 벤치, 벽화 등으로 인해 다양한 행위가 이루어질 수 있도록 보완하는 것도 좋다.

▮두께(깊이)

벽의 두께 또는 개구부 측면에서 보면 깊이에 따라 '두껍다' 또는 '얇다'라고 느껴지는 심리이다.

경제적 논리에 따라 벽의 두께는 일정한 것이 보통이

다. 내벽과 외벽을 구분하고 단열재가 들어가는 외벽은 두껍다. 동일한 두께라 하더라도 높이가 다르면 높은 벽에 따른 경외감 또는 불안감도 나타난다.

표현에 따라 벽의 두께가 상당한 예도 있다. 대표적인 예가 르 코르뷔지에의 롱샹성당이다. 평면도를 보면 일반적인 벽의 두께와 상당한 두께이면서 그 폭이 다양한 벽이 공존하고 있음을 알 수 있다. 그 이유는 외벽의 표현에서 알 수 있다. 〈그림 2-86〉은 롱샹성당의 단편적 예를 부분적으로 비교해 볼 수 있도록 예시된 그림이다.

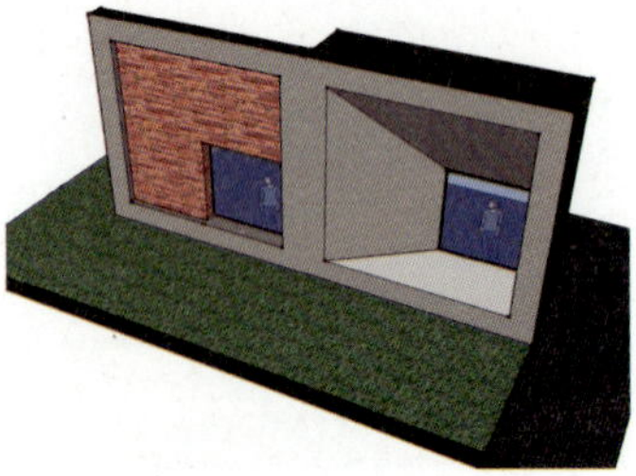

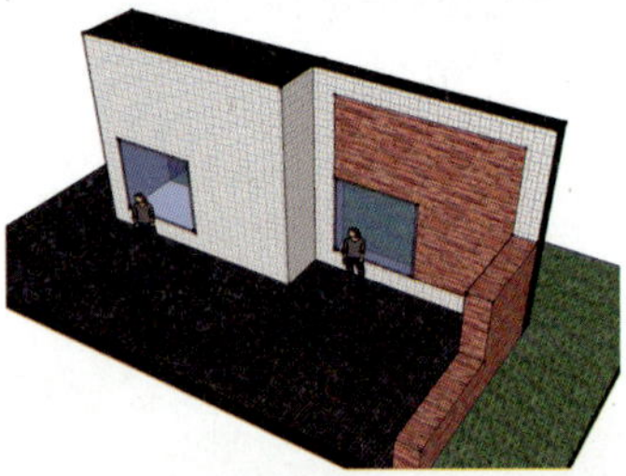

〈그림 2-86〉 롱샹성당 개구부 중 하나를 본뜬 개구부와 평이한 개구부의 비교

▮무게

벽의 무게가 느껴져서 '무겁다' 또는 '가볍다' 등의 심리가 발생되는 경우이다.

일반적으로는 재료와 상대적인 크기와 관련이 있다. 벽돌, 콘크리트로 만들어진 벽은 무겁게 느껴지는 반면에 나무나 유리로 만들어진 벽은 가볍게 느껴진다. 벽의 넓이와 벽의 단면적이 크거나 폭이 큰 경우에도 무겁게 느껴진다. 〈그림 2-87〉은 클레이아트 김해미술관으로 단순한 형태이고 경사진 벽에 타일로 마감되어 무거워 보인다.

〈그림 2-87〉 경사진 벽과 단순한 형태로 무겁게 느껴지는 클레이아트 김해미술관

또한 바닥과의 관련도 있다. 바닥에서 떨어져 부유하는 벽은 다소 가볍게 느껴진다.

▮힘

벽에 의해 힘이 느껴지는 경우도 있다. 이에 따라 '강하다' 또는 '약하다'는 심리가 발생한다.

위의 무게와 관련이 있어 보이나 약간 다르다. 무게가 무거우면 힘이 강하게 느껴지고 무게가 가벼우면 힘이 약하게 느껴지는 것은 맞지만 움직일 듯 보인다든가, 끝이 날카로운가 무딘가 등에 힘이 관련 있다. 〈그림 2-88〉은 우경국의 MOA갤러리 및 시경당인데 아래보다 위의 매스가 크고 길게 내밀어 앞 부분이 밑으로 주저앉을 것 같은 힘이 느껴진다. 벽의 끝이 90도가 아닌 예각으로 이루어진 경우 방향성이 생기고, 그 예각이 생각보다 많이 작다면 그 형태에서 찌르는 듯한 강한 힘을 느껴질 수 있다. 또한 경사진 곳에 사각매스를 올려놓은 듯한 형태라면 미끄러질 듯한 힘이 느껴진다. 〈그림 2-89〉의 기울인 형태에 의해 힘을 내재하고 있음이 느껴진다.

〈그림 2-88〉 아래보다 크고 길게 내민 형태로 힘이 느껴지는 주상복합건물

〈그림 2-89〉 기울인 형태로 힘이 느껴진다.

안전

'위험하다' 또는 반대로 '안전하다'는 심리가 느껴질 때를 말한다. '위험하다'는 이전까지 보지 못한 형태 또는 경험하지 못한 것을 보여주고 싶은 건축가들의 마음에서 시도된다. 〈그림 2-88〉의 예는 힘이 느껴지면서 2층 건물 아래 자동차가 다소 위험하겠다는 생각이 든다.

예를 들어 외팔보(캔틸레버, cantilever)에 의한 구조 아래에의 공간은 시각적인 안전측면에서 보면 다소 위험하다. 단순한 발코니를 구축하는 정도는 그다지 위험하지 않겠지만 그 이상으로 길게 내미는 경우에는 다소 위험하게 느낄 수는 있다. 시각적인 안전 보장을 위해서라면 보 끝에 기둥을 놓아 필로티(piloti) 공간으로라도 구축하는 것이 좋다.

그러나 구조적으로 문제가 없는데 시각적인 안전을 보장하기 위해 기둥을 놓아야만 한다고 규정한다면 건축디자인의 폭에 제한이 따른다. 〈그림 2-90〉은 필로티 공간과 외팔보 구조 아래 공간을 비교한 것이다.

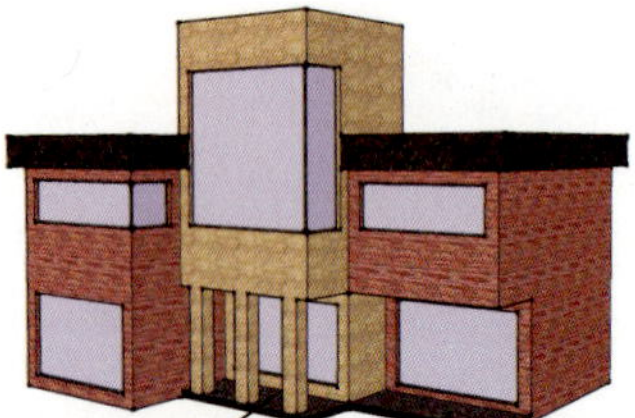

〈그림 2-90〉 필로티에 의한 공간과 외팔보 구조 아래 공간의 비교

▌경사

보편적인 건물이라면 90도를 이루게 된다. 바닥이 수평을 이루고, 벽과 바닥, 벽과 지붕이 90도를 이루어 바닥과 지붕이 평행선을 이루게 된다. 이러한 부분에 주목하여 파격을 보이고자 90도가 아닌 각을 시도한 건물들이 나오게 된다. 그것을 '경사'라 얘기한다. 여기서는 벽에 주목하여 이야기하고자 한다.

〈그림 2-91〉 컬럼비아대학의 어느 건물의 경사진 외관

입면에서 보면 4가지 관점에서 경사가 있다. 지붕은 수평인데 벽만 경사진 경우, 지붕과 벽 모두 경사진 경우, 벽과 바닥이 경사진 경우, 지붕, 벽, 바닥 모두 경사진 경우이다. 〈그림 2-91〉처럼 벽이 경사진 예는 요즘 많이 볼 수 있다. 다만, 사람이 직립성을 갖고 있어서 벽도 90도를 이루는 것이 벽장을 만들어 넣는 등의 실용적인 벽이 되는 토대가 된다. 벽이 90도를 이루지 않는 경우는 실용적이지 않는 경우이고 바라만 보이는 벽일 가능성이 높다. 예를 들어 천장고가 높은 공간이 필요할 때의 일부 벽 등을 경사지게 표현하는 예가 많다.

〈그림 2-92〉 컬럼비아대학의 어느 건물 실내의 경사진 벽

위는 건물 입면에서 볼 때의 경사라면, 벽을 위에서 볼 때도 살펴볼 필요가 있다. 벽과 벽의 관계에 있어서 90도가 되는 것이 실용적인데 경사진 경우도 나타난다. 〈그림 2-93〉이 그 예인데, 이 경우 맞춤가구를 하지 않으면 공간 또는 벽이 가구로 채워지지 않거나 실용적인 벽이 아니다. 벽과 벽이 90도 아닌 각을 이루게 되면 가구로 모두 채워지기 마련인 공간에 반하여 비워지는 공간 개념을 만들기에 용이하다.

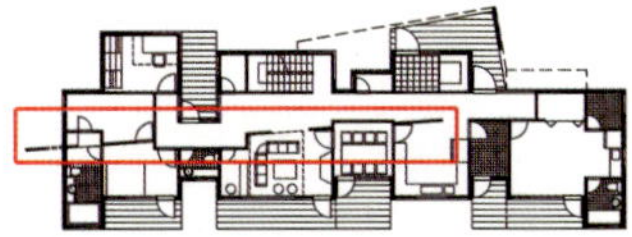

〈그림 2-93〉 위에서 볼 때 건물 내부의 경사진 벽

▌전환

벽을 따라 계속 걷다가 다른 벽으로 길이 막혀서 다른 길을 가도록 전환되거나 길을 선택하도록 강요하는 경우가 있다. 이를 '전환'으로 표현하고 '선택하다', '강제하다' 또는 '바뀌다'는 심리가 유발된다. 이는 어떤 측면에서는 방향과 관련이 있어서 '굳다' 또는 '구부러지다'는 심리도 보여진다. 행위적 측면에서는 '방해'에서 설명했다.

단순히 막힌 벽으로 길이 바뀌는 예만 있는 것은 아니다. 개구부, 빛, 소리 등으로 전환시키는 예도 볼 수 있다. 예를 들어 개구부 없는 복도의 끝에 빛이 쏟아져 들어오는 개구부를 두어 대비시킴으로써 사람들을 인도하기도 한다.

〈그림 2-94〉 벽과 천장에 의해 어둡고 긴 길을 지나 열린 풍경을 보게 되어 심리가 변화된다.

개구부가 없는 벽으로 일관하다가 어느 순간에 빛이 쏟아지는 개구부를 둠으로써 시선을 그쪽으로 전환시켜 걷는 행위가 멈추어 화려한 밖의 풍경을 봄으로써 지루함의 심리를 기쁨의 심리로 전환하게 된다. 즉 단순하게

'전환'이 보여지는 공간을 만드는 것이 아니라 그보다 '극적인 효과'를 위해 '전환'을 이용한 공간을 만드는 예인 것이다.

〈그림 2-95〉 벽에 개구부를 두어 뚫린 심리를 불러일으킨다.

〈그림 2-96〉 벽에 하나의 개구부만 두고 다리로 통로를 두어 빨려 들어가 듯한 흡입력을 보여준다.

▌흐름

일반적으로 벽에 문과 창문 또는 문, 창문의 장치없이 뚫린 개구부(開口部)에서 '막히다' 또는 '뚫리다'는 느낌을 갖는 경우를 말한다. 개구부의 크기와 위치, 그리고 재료에 의해 다양한 심리가 나타날 수 있다.

예를 들어 작은 개구부가 무릎 아래로만 위치하고 사람이 벽을 향해 서 있게 될 경우, 닫혀 있다는 느낌은 개구부가 전혀 없는 벽과 비교할 때 약간의 차이만 날 뿐이다. 개구부의 폭이 얼굴보다 약간 크고 사람의 눈높이에 있을 때, 사람이 창문에 근접하여 서 있을 경우 벽은 사라지고 밖의 풍경이 오롯이 다가올 수 있다. 〈그림 2-96〉에서 보듯이 벽에 하나의 개구부만 두고 다리로 통로를 두면 그 구멍으로 빨려 들어가는 듯한 흡입력을 보여준다.

또한 벽 자체의 재료에도 관련이 있다. 자연에 의한 기다란 나뭇가지로 벽을 만든다면 벽이 풍경의 일부가 보이는 등의 시야가 열려 막히는 느낌이 덜하다. 콘크리트와 같이 단단하거나 무게감이 크게 느껴지는 재료에 의한 벽의 경우에는 막히는 정도가 상당하다. 벽 자체가 유리로 된 경우는 시야가 충분히 열리면서 실내로의 외기 유입을 차단하는 효과를 준다. 다만, 유리에 주의하도록 장치를 해놓지 않으면 착각에 의한 사람이 유리에 부딪치는 사고를 유발할 수도 있다.

▮기타

'더럽다', '깨끗하다'는 등의 심리로 더러움이 지속될 것을 예상하여 검은색으로 벽을 채움으로써 이를 미연에 방지한 벽, 비어 있는 벽이 아쉬워 벽화, 패턴 또는 넝쿨 등으로 채워넣는 것이 이에 해당한다.

여기에 하나 더 붙인다면 '추억' 또는 '시간' 등이 담긴 벽이 되도록 비우는 예도 있다. 음식점 내부벽에 '나는 ○○랑 몇 월 몇 일에 다녀갔다'라는 글귀를 남기도록 유도하여 낙서가 벽의 장식이 되도록 하는 예가 그것이다. 또는 자물쇠를 걸 수 있는 장치의 벽을 하여 자물쇠를 구매하는 사람들에게 걸 수 있도록 하여 사랑의 굳셈 또는 약속의 표현을 벽에 하도록 하는 예도 이에 해당한다고 보았다. 〈그림 2-97〉은 소원의 글을 포스트잇에 써서 벽에 붙이는 행위를 위해 벽을 비워둔 덕택에 포스트잇으로 가득찬 미술관의 한 벽면이다.

〈그림 2-97〉 소원의 글을 포스트잇에 써서 벽에 붙이기 위해 비워졌던 벽

205 ㄱ놀이 배경 5 / 지붕(천장)

1) 개념

지붕(천장)의 개념적 측면에서 살펴보고자 하는 것은 피난, 영역, 층, 하중, 개구부이다.

▮피난

벽이 지면과 수평이동 측면인 짐승이나 다른 사람의 침입을 막기 위해 세워졌다면, 지붕은 지면과 수직이 되는 눈, 비, 빛 등의 자연재해로부터 인간의 보호와 시각적 차단이 주가 된다. 그 예로 축구장이나 야구장에서 비가 오거나 햇빛이 내리쬐는 무더운 날이 되면 이를 피하기 위해 지붕이 덮인 공간으로 사람들이 모이는 모습들을 볼 수 있다.

〈그림 2-98〉 지붕을 벽보다 더 내어 공포와 서까래에 의해 멋진 곡선을 이룬 우리나라 전통건축의 지붕

벽과 지붕이 하나로 수렴되어 별개로 생각하지 않았던 움집이 벽과 지붕이 분리되면서 지붕의 명확한 역할을 부여받았다. 이때 벽과 지붕의 틈새에서 비, 바람 등이 들어와 밀폐된 공간을 방해할 수 있으므로 〈그림 2-98〉처럼 보통 지붕을 벽보다 길게 내밀어 이를 방지하였다.

▮영역

지붕에서도 바닥이나 벽에서처럼 경계, 범위의 의미를 지니고 있다. 여름날 뜨거운 태양 아래에서의 지붕 밑

공간은 명확한 영역을 보여준다고 하겠다. 그러나 시각적으로 벽에 비해 그 의미는 작다고 하겠다.

연속된 벽에 의해 지탱되는 지붕 아래 공간보다는 벽이 다소 사라지는 듯한 기둥들에 의해 지탱되는 지붕 아래 공간 또는 외팔보(캔틸레버, cantilever)에 의한 지붕 아래 공간이 '지붕에 의한 영역'을 잘 보여준다. 〈그림 2-99〉의 롯데 부여리조트의 한옥 지붕이 기둥으로만 받쳐진 길의 영역을 보여준다.

〈그림 2-99〉 롯데 부여리조트의 한옥 지붕이 기둥으로만 받쳐진 공간

▮층

지붕 자체에 다양한 층을 이루고 있다. 우선 지붕을 단단히 지탱할 수 있는 구조체를 갖춘다. 지붕을 전체 덮으면서 비가 오면 잘 흐를 수 있는 기와나 골슬레이트 등의 지붕판을 덮기도 하며, 그렇지 않다면 방수를 위한 방수층을 만든다. 또한 빛에 포함된 열을 차단하거나 외기를 차단하기 위한 단열재가 부착되기도 한다. 또한 소음을 차단하기 위한 재료가 부착되기도 한다. 〈그림 2-100〉에서 우리나라 한옥의 지붕은 보, 공포, 서까래, 기와 등 다양한 층으로 구성되어 복잡함을 보여준다.

〈그림 2-100〉 우리나라 한옥의 지붕

계단이 생겨나면서 공간 위에 공간을 두는 예가 생겨나기 시작했다. 작은 대지를 보다 효율적으로 이용하는 것이며, 많은 사람이 모여 도시를 구성하는 것에 많은 일조를 하였다. 이때 아래 공간의 위를 덮는 지붕이면서 위층의 바닥 역할을 해야 하는 부분에 주목할 필요가 있다. 이를 '천장'이라 한다. 천장은 바닥의 수직적 나열을

〈그림 2-101〉 바닥이면서 천장의 요소가 튀어나와 입면을 구성하는 복합건물

〈그림 2-102〉 루브르박물관 천장 일부

위한 것이기도 하지만 여기서 지붕의 역할로 보고 지붕의 범위에 포함하였다. 〈그림 2-101〉은 시카고에 있는 스튜디오 강 건축사사무소(Studio Gang Architects) 작품으로 바닥이면서 천장인 요소들이 튀어나와 파도와 같은 입면을 구성하고 있는 복합건물이다.

또한 지붕도 사람 시선에서 보여지는 곳이 될 수 있다는 생각, 즉 사람이 위를 볼 수도 있다고 상상해야 한다. 〈그림 2-102〉는 파리 루브르박물관 천장의 일부이며, 이와 같이 천장에 그림 또는 조각을 넣어 벽뿐만 아니라 천장에도 전시하였다.

▌하중

벽 자체의 하중과 적재하중, 지붕의 하중을 지탱해야 하는 벽에 비해 지붕의 하중은 지붕 자체의 하중만을 벽으로 전달한다. 보통 보에 의한 수평하중, 그리고 긴 부재에 의한 휨을 지연시켜야 하며 비교적 넓은 면적을 덮어 지붕을 지탱해줄 수 있다면 경제적인 경우가 많다.

그 외에 눈, 비에 의한 하중에 주의해야 한다. 눈, 비에 의한 하중은 지붕의 경사에 의해 피할 수 있다. 중국과 우리나라와 일본을 비교하면 중국은 비교적 완만하며, 우리나라는 중국에 비해 경사졌으며, 일본이 제일 급경사라는 연구도 있다.

풍하중도 고민해야 하는데, 바람은 비와 달리 하중의 방향을 예측하기가 힘들다. 때문에 위에서 아래로 흐르기 마련인 다른 하중에 비해 아래에서 위로 부는 바람의 힘에 지붕이 떠올려져 벽과 분리되는 것도 방지할 필요가 있다. 외팔보구조의 지붕에 기둥이 아닌 체인으로 연결된 사례를 볼 수 있는데, 이는 이러한 바람의 힘을 인지한 건축가의 설계인 것이다. 〈그림 2-103〉은 제주도 민가로 바람이 많은 환경에 단단히 묶여진 모습의 지붕을 보여주고 있다.

〈그림 2-103〉 바람 많은 제주도 민가의 지붕

▌개구부

지붕의 개구부는 천창(天窓)이라 하며, 벽의 개구부와 달리 그 역할이 한정되어 있다. 벽의 개구부는 햇빛 조절, 소리조절, 시야조절, 환기조절, 또 다른 출입구 등의 역할을 하지만 다음 3가지 역할이 있다.

우선 태양의 빛을 받아들이거나 차단하는 등의 조절을 할 수 있다. 빛을 받아들임은 환한 공간이 되게 하고 차단함은 어두운 공간이 된다. 빛에는 열을 지니고 있기에 여름에는 빛을 차단하고, 겨울에는 빛을 받아들임으로써 온도를 조절한다. 빛은 식물에 광합성이라는 에너지를 주는 원천이 되기도 하여 이를 조절하는 역할을 하기도 한다. 빛이 직진되는 모습을 볼 수도 있다. 〈그림 2-104〉와 〈그림 2-105〉는 판테온신전의 천창과 관련된 그림이다. 천창을 작게 하고 벽에서의 빛을 차단하면 바닥에 떨어진 빛이 더 선명하게 드러난다.

〈그림 2-104〉 판테온 신전의 천창

〈그림 2-105〉 판테온신전의 천창에 의해 바닥에 떨어진 빛

공기를 바꾸는 환기(換氣)의 기능도 한다. 일반적으로 실내의 뜨거운 공기는 위로, 차가운 공기는 아래로 흐르게 되는데, 여름에 천창을 통해 뜨거운 공기를 내보낼

〈그림 2-106〉 워싱턴 D.C.의 국립 미술관 천창과 함께 물의 쏟아져 내림에 따른 장관

〈그림 2-107〉 국립미술관 동관과 서관 연결 부분에 천창을 두어 지하공간을 환하게 밝히고 있다.

수 있도록 한다면 그만큼 시원한 공간을 유지하는 것에 도움을 준다. 벽의 고창(高窓)도 그러한 역할을 한다. 더운 지방의 경우 지붕과 벽 사이에 틈을 두어 지붕을 기둥으로만 지탱토록 하여 마치 고창과 같은 역할을 담당하게 하여 더운 공기를 배출한다.

이외에도 실내에서 하늘을 볼 수 있는 역할도 한다. 특히 밤하늘의 별들을 보는 다락방의 천창은 일반 주택에서 많이 볼 수 있다. 페이(I.M. Pei)의 워싱턴 D.C.의 국립미술관은 동관과 서관이 있으며, 이를 연결하는 지하통로를 두고 있다. 〈그림 2-106〉과 〈그림 2-107〉은 지하통로에 벽천이 있는 모습을 볼 수 있으며, 벽천 위에 천창을 두어 빛과 함께 장관을 보여주고 있다.

2) 구축요소

지붕(천장)의 구축요소 측면에서 살펴보고자 하는 것은 **공간, 형태, 벽(보, 기둥), 두께, 개구부, 설비, 마감**이다.

▌공간

지붕을 공간에서 보면 비워진 윗부분을 닫는 역할을 한다. 이를 위해 지붕의 크기가 주어져야 하는데, 형태가 사각형이라면 가로가 길이, 세로는 폭이라 할 수 있다. 바닥과 평행인 지붕도 있지만 각을 이루어 어느 부분은 낮고 어느 부분은 높게 된다. 또한 지붕의 두께가 제 각각이어서 그 두께만으로 무겁게 또는 가볍게 보이기도 한다.

지붕은 그냥 떠 있기는 어렵기 때문에 지붕을 받쳐주는 요소가 어떤지가 중요하다. 수평적으로는 보가 수직적으로는 기둥이 그 역할을 하며, 수평과 수직으로 동시에 벽이 그 기능을 담당할 수도 있다.

박스라면 윗면도 중요하지만 옆면을 구성하는 부분이 얼마나 닫히거나 열리는 것도 중요하다. 이에 대한 벽과 기둥의 높이와 폭, 두께 등이 고려되어야 한다. 지붕과 벽이 어떻게 만나는가도 중요하다. 벽을 만나 공간의 밀폐에 도움을 주는 지붕과 지붕 자체로의 멋을 위한 지붕으로 두 개의 지붕을 갖는 사례도 있다. 지붕의 크기와 벽과 기둥으로 둘러싸인 것과 반드시 같지는 않다. 보통은 지붕이 더 크며, 오히려 지붕이 작은 사례도 있다.

박스에는 바닥면도 있다. 이에 바닥도 중요하다. 바닥의 크기는 일반적으로 지붕보다 크지만 작은 예도 있다. 기단이라 하여 바닥의 두께가 보일 정도로 높은 것도 있으며, 이는 지붕 두께와 함께 고려되는 것이 일반적이다. 〈그림 2-108〉은 지붕으로 공간을 덮는 다양한 형태와 공간을 이루는 지붕, 다양한 벽과 바닥의 관계를 보여주고 있다.

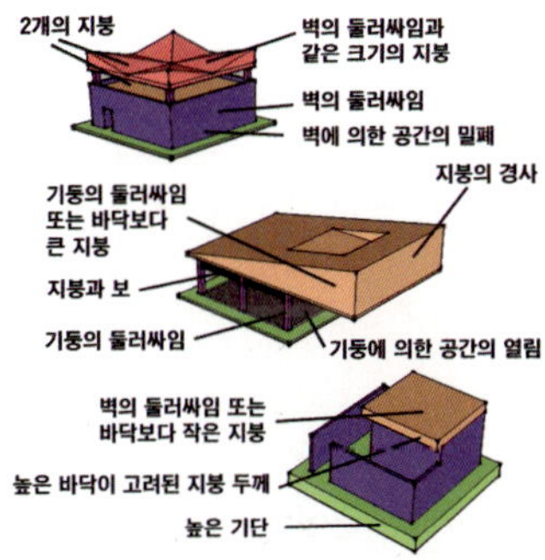

〈그림 2-108〉 지붕으로 공간을 덮는 다양한 형태와 공간을 이루는 지붕, 다양한 벽과 바닥의 관계를 보여주는 그림

▮형태

지붕에 있어서 형태는 매우 다양하다. 크게 1차원인 선, 2차원인 면, 3차원의 매스에 대한 고려가 필요하다. 선은 직선, 사선, 곡선 등 다양하며, 면은 원, 사각, 불규칙 등이 있다.

〈그림 2-109〉 시카고 공원의 공연장 지붕

지붕의 곡면 예로 〈그림 2-109〉를 제시한다. 이는 시카고 공원의 공연장 지붕으로 현대에는 얼마나 다양한 형태가 시도되는지 가늠할 수 있다.

▮벽(보, 기둥)

지붕이 공중에 떠 있을 수는 없다. 이에 지붕을 떠받치는 구조가 어떻게 되는지는 중요할 수밖에 없다. 주로 벽 또는 기둥, 그리고 보와 기둥으로 지붕을 떠받친다. 기둥만으로 지붕을 받치는 경우 지붕판이 보 역할을 담당하고 있기 때문에 가능한 것이다. 벽이 공간과 공간을 분리하는 역할만 하고 기둥과 벽과 함께 있는 사례도 많다.

벽과 지붕은 나란히 진행되는 경우가 많으며, 지붕이 벽보다 더 튀어 나온 경우 지붕과 벽의 간격이 일정한 경우가 보통이다. 이를 무시하여 보다 비정형이 되어 보이게 만들 수 있다. 기둥은 아랫면이 그대로 일정한 두께 또는 폭을 가지고 기둥 위에까지 이어지는 경우가 많은데, 이를 역으로 생각하여 다양한 기둥을 만들 수 있다.

외팔보(캔틸레버, cantilever)에 의한 지붕은 가볍고 뜨는 듯이 보인다. 많은 빌딩이 모여 있는 도시에서 보는 경우는 드물고, 대부분 대지면적에 비해 10% 내외의 건축면적을 갖게 되는 박물관, 미술관 등 공공시설에서 많이 볼 수 있으며, 실험적 건축물에서 시도된다. 〈그림 2-110〉은 위에서 언급한 내용을 일부 모아 디자인한 예시이다.

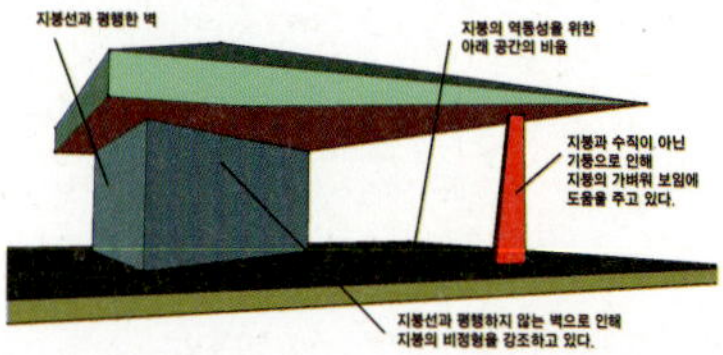

〈그림 2-110〉 지붕의 벽, 기둥에 따른 예시

보통 구조체가 지붕 아래에 있어 하중을 밑으로 보낸다. 특이한 경우 지붕 위에 구조체가 있어 하중을 위로 보낸다. 〈그림 2-111〉은 제주 월드컵 축구경기장의 쉼터로 강관의 폴대에 의해 지붕의 막이 위에서 지지하는 모습을 볼 수 있다.

〈그림 2-111〉 폴대에 의해 지붕막이 위에서 지지되는 모습

▌두께

지붕에 있어 두께를 두어 '돌출', '함몰', '보이드' 등을 표현함을 말한다. 지붕에 있어 돌출은 함몰이 동시에 이루어지며 반대도 당연한 결과를 보인다. 이를 잘 활용하면 실내에서 보면 매스가 위에서 떨어지는 듯한 풍경을 볼 수 있으며, 위에서는 평평한 판이기 일색인 지붕의 모습에서 입체적 모습을 볼 수 있다.

또한 '빛우물'이라는 기법을 통해 빛을 퍼지지 않고 모아 내리비칠 수 있도록 할 수 있다. 〈그림 2-112〉는 에로 사리넨(Eero Ssarinen)의 MIT 성당의 천창 모습이다. 빛우물에 의해 빛의 직선성을 구축하여 모빌을 설치하여 빛이 춤추는 듯한 화려함을 보여주고 있다. 이때도 지붕의 모습이 '함몰' 또는 '돌출'일 수 있다.

〈그림 2-112〉 성당의 빛우물에 의한 빛의 직선성을 구축하고 모빌을 설치한 모습

그런데 비나 눈이 모여 지붕에 하중에 부담을 줄 수 있다. 하지만 이를 피할 수 있는 방법을 선보이면서 다양한 사례를 볼 수 있다. 예를 들어 지붕에 열선을 구축하여 눈이 오면 열선에 의해 눈을 녹여 바로 물로 변화시킴으로써 하중이 쌓이지 않게 하며, 비는 보이지 않게 경사를 둠으로써 물의 흐름을 보장하여 하중을 방지한다.

'보이드'는 일반적으로 지붕이 닫힌 실내가 연속인 경우에 있어 일부 공간, 주로 한가운데에 지붕을 지워버리는 것을 말한다. 보통 자연을 실내로 끌어들인다는 개념을 표현할 때 사용한다. 바깥의 풍경이 아닌 실내의 다른 공간을 보면서 비나 눈이 내리는 풍경을 보며 자연을 느낄 수 있게 되는데, 보통 중정(中庭)이라 한다. 〈그림 2-113〉은 미국 건축가 G. 분샤프트(Gordon Bunshaft)의 워싱턴 D.C.의 힐쉬호른 미술관(Hirshhorn Museum)이다. 도너츠처럼 둥근 매스가 떠있는 듯한 디자인으로 건물 밖에서 중정을 통해 실내로 들어가지 않고도 바로 접근 가능하다. 둥근 매스 아래 부분은 다소 어두우며 이 공간을 지나 중정으로 가면 빛이 쏟아져서 매우 환해지는 풍경을 느끼며 분수대에 다가갈 수 있다.

〈그림 2-113〉 어두운 지붕을 지나 빛이 쏟아지는 환한 중정에 분수대가 있는 모습

개구부

벽의 개구부 사례에 비하면 천창이라 불리는 지붕의 개구부 사례는 다양하지 않다. 하지만 많은 것이 고려되어야 천창을 디자인할 수 있다.

기능, 크기, 위치, 개수, 형태, 구조, 시각적으로 보여지는 정도(예를 들어 유리의 투명 또는 불투명도) 등이다. 천창의 개폐가 필요하다면 기계적 장치에 의해 쉽게 이루어지도록 할 수 있다.

〈그림 2-114〉는 프랭크 로이드 라이트(Frank Lloyd Wright)의 뉴욕 구겐하임(Guggenheim) 미술관의 메이저 스페이스의 유명한 천창이다. 원처럼 돌아가는 경사

로에 의한 전시벽으로 이루어져 그 가운데가 비어질 수 밖에 없었으며, 이에 천창을 설치하였다.

〈그림 2-114〉 구겐하임 미술관의 메이저 스페이스의 천창

▮설비

벽에 비해 손이 닿기 쉽지 않다. 벽은 가구설치에 따라 비워내기가 힘들지만 지붕은 많이 비워질 수 있기에 많은 설비를 하기가 용이하다.

특히 위에서 아래로 향한 다양한 설비를 하는 것에 최적인 곳이 지붕, 천장인 것이다. 설비의 예로써 형광등, 할로겐등의 조명설비, 스프링클러의 소화설비, 가스경보설비, 스피커에 의한 방송설비, CCTV의 방범설비 등이며, 최근에는 에어컨 등의 냉난방설비도 설치한다.

기능, 개수, 간격, 형태 등을 고려해야 한다.

▮마감

지붕구조가 그대로 보여주는가 아니면 그 방만의 천장으로 마감할 것인가에 따라 다양한 개념을 부여할 수 있다. 지붕에 설치된 설비가 노출되는 형태로 천장을 마감하여 기계적 요소가 보여짐에도 오히려 속살이 보인다는 측면에서 자연이라는 개념을 부여하기도 한다.

〈그림 2-115〉는 베드로성당의 천장화의 화려한 마감을 볼 수 있다. 천장의 마감을 제대로 설계하기 위해서는 **재질, 형태, 색, 패턴** 등이 고려되어야 한다.

〈그림 2-115〉 베드로성당의 천장화에 의한 화려한 마감

3) 행위

지붕(천장)의 행위 측면에서 살펴보고자 하는 것은 피난, 개폐, 설치이다.

▮피난

〈그림 2-116〉 국립중앙박물관의 노출된 지붕에 의해 거대한 그늘이 형성되는 모습을 볼 수 있다.

비가 많이 내리는 날에 지붕이 튀어나온 처마에 우산이 없는 사람들이 옹기종기 모여 있는 모습을 보게 된다. '피하다'라는 피난(避難) 행위가 보인 것이다. 아주 무더운 여름날 지붕에 의해 그늘이 생긴 곳에 모인 모습도 피난의 모습이다. 〈그림 2-116〉은 국립중앙박물관으로 노출된 지붕에 의해 거대한 그늘이 만들어지는 모습을 볼 수 있다.

자연의 피해에 대한 피난뿐만 아니라 인공적인 피해를 방지하기 위한 경우도 있다. 예를 들면 적의 대포, 미사일 또는 비행기에 의한 공격에 대비하기 위한 방공호, 무기고 등이다.

〈그림 2-117〉 동대문디자인플라자의 다리 구조물 아래 공간에는 비, 눈이나 더운 날씨에 피하고자 하는 행위가 발생한다.

그리고 지붕 또는 다리 아래에 복도, 길 등이 형성된다면 피난뿐만 아니라 사람들이 지붕을 '따라 간다'는 인도(引導)되는 행위가 발생할 수 있다.

〈그림 2-117〉은 자하 하디드(Zaha M. Hadid)의 동대문디자인플라자로 사진 중앙에 곡면 매스들을 사이를 관통하는 다리 구조물로 볼 수 있다. 비, 눈 또는 더운 날씨에 이를 피하고자 사람들이 모이거나 따라 가는 행위들이 보여진다.

▮ 개폐

지붕에도 개구부 설치가 가능하므로 '열다' 또는 '닫다' 행위가 가능하다. 다락방의 밤하늘을 보기 위한 천창이 그 쉬운 본보기이다. 그리고 지붕을 통해 조망을 '본다'는 행위도 일어난다.

별을 관측하는 관측소 지붕이 열리거나 닫히는 구조를 갖는 것은 당연하다. 이 경우 〈그림 2-118〉의 베드로성당의 돔(dome)과 같은 형태가 일반적이다. 헬리콥터와 같은 수직이착륙 기능을 갖는 실내공간을 계획한다면 이처럼 지붕이 열리거나 닫힐 것이다.

▮ 설치

천장에 매다는 행위가 있을 수 있다. 이에 '놓다', '달다', '붙인다', '떼다' 등의 행위가 있다. 비교적 가벼운 물체를 다는 경우가 많으며, 무거운 물체라면 건축구조를 확인해야 할 필요가 있다.

〈그림 2-119〉는 워싱턴 D.C.에 있는 국립항공우주박물관이다. 지붕에 여러 대의 비행기가 매달린 것을 확인할 수 있는데, 처음부터 지붕에 다수의 비행기를 매다는 것을 고려하여 설계되었다.

4) 심리

지붕(천장)의 심리 측면에서 살펴보고자 하는 것은 개방, 높이, 넓이, 두께, 경사와 곡면이다.

〈그림 2-118〉 베드로성당의 돔

〈그림 2-119〉 지붕에 비행기가 매달린 박물관

〈그림 2-120〉 아이들이 천장에 보여지는 영상물을 크게 느끼고 보다 집중하도록 하기 위해 천장이 낮고, 쉽게 이동하지 않고 바닥에 앉아서 감상하도록 디자인되었다.

〈그림 2-121〉 국립생태원의 높은 지붕

▌개방, 폐쇄

지붕 때문에 '열다'와 '닫다'라는 개폐(開閉)의 행위가 일어날 수 있지만, 심리적으로 '열리다'와 반대의 '닫히다'라는 개방(開放) 또는 폐쇄(閉鎖)의 심리가 일어날 수 있다. 개구부 장치에 의해 일어날 수 있으나 장치없이 지붕이 없거나 있다는 이유로도 발생할 수 있는 심리이다.

천장고가 낮으면 낮을수록 열린 면적이 작을수록 폐쇄감이 느껴지며, 벽마저도 폐쇄성이 강하면 더 강조된다. 〈그림 2-120〉은 국립현대미술관 과천관의 어린이미술관의 한 전시이다. 아이들이 천장에 보여지는 영상물을 크게 느끼고 보다 집중하도록 하기 위해 천장이 낮고, 쉽게 이동하지 않도록 바닥에 앉아서 감상하게 디자인되었다.

▌높이

지붕의 높이와 천장고가 높으면 '높다', 낮으면 '낮다'는 심리가 일어난다. 앞서 얘기한 개방, 폐쇄와 관련이 있다.

일반적으로 자기의 키와 상대적으로 높다와 낮다를 느끼게 된다. 어릴 때 다닌 유치원의 계단을 어른이 되어 방문하여 다시 밟아보면 상당히 낮은 높이의 계단에 흠칫 놀라게 되는 것처럼 상대성이 있다. 〈그림 2-121〉은 국립생태원의 한 전시공간으로 지붕 높이가 높아 시원함을 느낄 수 있다.

▮넓이

지붕 면적이 넓으면 '넓다', 작으면 '작다', '좁다' 등의 심리가 일어난다. 앞서 얘기한 높이와 관련되어 개방, 폐쇄를 이야기한다.

거리 측면에서 넓으면서도 긴 느낌이 난다면 '길다', 짧으면 '짧다'는 느낌이 드는데 시간적 개념도 내포하고 있다. 〈그림 2-122〉는 에로 사리넨의 댈러스국제공항터미널로 중앙에 기둥 하나 없이 넓은 면적을 덮는 지붕을 디자인하여 구조디자인의 한 획을 그은 작품이다.

〈그림 2-122〉 댈러스국제공항터미널의 중앙에 기둥 하나 없이 넓은 면적을 덮은 지붕

▮두께

지붕의 두께가 '두껍다'와 반대로 '얇다'는 심리이다. 두께는 무게, 힘, 안전과 관련이 있다. '두껍다'라면 '무겁다', '강하다', '위험하다'는 느낌이 들 수 있으며, '얇다'는 '가볍다', '약하다', '안전하다'는 느낌과 연결되는 경우가 많다.

〈표 2-12〉 지붕의 두께, 무게, 힘, 안전의 심리적 상관관계

두께	무게	힘	안전
두껍다	무겁다	강하다	위험하다
얇다	가볍다	약하다	안전하다

〈그림 2-123〉에서 좌측 건축물과 비교하여 무겁게 보이는 우측 한옥의 지붕 모습을 볼 수 있다. 그리고 얇은 지붕이더라도 목구조가 아닌 철구조로 인해 무겁게 느낄

〈그림 2-123〉 좌측 건축물과 비교되어 무겁게 보이는 우측 한옥의 지붕

수 있으며, 뾰족함으로 인해 강하다는 심리가 유발될 수 있으며 외팔보의 형태로 위험하다고 느끼도록 설계할 수 있다.

경사와 곡면

〈그림 2-124〉 예일대학 하키경기장의 곡면 지붕

〈그림 2-125〉 실내와 실외를 비정형으로 관통하는 지붕

벽이 수직으로 세워질 때 지붕을 경사지게 두는 것은 자연재해로부터, 즉 비와 눈으로부터 건축물의 피해를 줄이기 위해 당연히 해야 하는 것이었다. 그런데 장식을 없애려는 19, 20세기의 근대건축 시기로 들어서면서 비와 눈의 피해를 기술적으로 해결하고 수평적인 지붕을 많은 건축물에 도입하였다.

그런데 20세기 말부터 요즈음은 이러한 수평적 지붕도 지루하게 여겨져서 새로운 형태의 경사지거나 곡면의 지붕을 도입하려는 움직임이 많아졌다.

매스 자체가 경사지거나 파형의 건축 사례가 있고, 바닥에서 벽의 과정이 사라지고 지붕으로 바로 연결되는 건축 사례도 많이 보이고 있다. 〈그림 2-124〉는 에로 사리넨의 예일대학 하키경기장으로 넓은 면적을 덮기 위해 곡면의 지붕을 하고 있다. 지붕의 경사지며 불규칙한 형태를 〈그림 2-125〉에서 볼 수 있다. 컬럼비아대학 건물의 일부분으로 실내와 실외를 불규칙하게 관통하는 지붕을 볼 수 있다.

지붕의 변화를 주는 쉽게 볼 수 있는 것은 지붕과 벽의 관계에서 벽은 수직상태에서 지붕의 경사를 이루는 것이다. 경사지붕을 선택할 때 수평적 지붕에 비해 수직적으로 벽의 양이 늘어나거나 줄어드는 것을 선택할 수도 있고, 공간적 측면으로 부분적으로 한 층이 추가되거나 오히려 줄어드는 것을 선택할 수도 있다.

〈그림 2-126〉에서 1은 지붕이 수평적일 때이며, 2, 3은 경사진 예이다. 그런데 2는 용적이 줄어든 예이고, 3은 용적이 늘어난 예이다. 〈그림 2-126〉에서 보듯이 2는 날렵해 보이고, 3은 다소 둔탁해 보인다. 이러한 장단점을 잘 파악해 지붕, 공간 등을 선택할 필요가 있다.

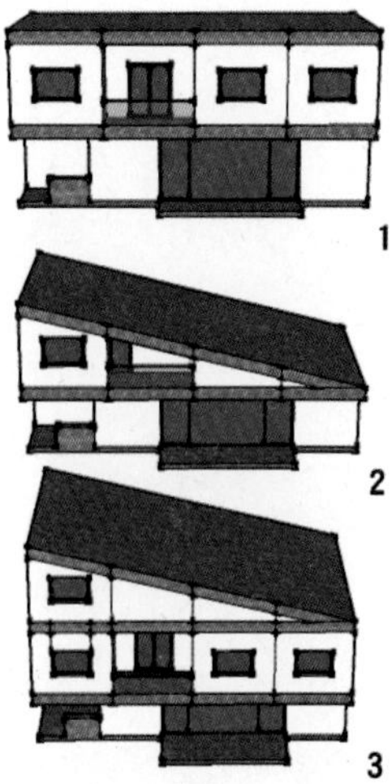

〈그림 2-126〉 지붕의 경사에 따라 선택 가능한 매스의 형태와 공간의 양

206 ㄱ놀이 배경 6 / 경계의 흐림

〈그림 2-127〉 ㄱ놀이 전과 후의 비교

〈그림 2-128〉 어디까지가 지붕이고 벽인지 구분이 어려운 동대문디자인플라자

일반적으로는 천장과 벽의 경계에는 몰딩을 붙이고, 벽과 바닥의 경계에는 걸레받이가 붙게 마련이다. 그런데 이 경계를 일부 지워야 ㄱ놀이가 제대로 표현될 수 있다. 그 이유는 ㄱ놀이를 외부에서만 보이는 형태로 그치는 것이 아니라 가급적이면 외부의 형태가 안에서도 인지되는 것이 더 극적이고 적극적으로 디자인되어 보여진다. 〈그림 2-127〉은 ㄱ놀이 전과 후를 비교한 것이다.

이에 ㄱ놀이를 위해서는 글자 형태에 따라 내부의 천장과 벽, 벽과 바닥, 벽과 벽이 일체를 이룬 모습이 보여지도록 구축하는 것이 좋다. 이는 지붕(천장), 벽, 바닥의 경계를 흐리는 것과 같다. 물론 꺾인 모습이 남아 있기에 완전하게 경계를 없애거나 지우는 것은 아니다. 그렇기 때문에 흐리다는 표현을 썼다.

요즈음 건축의 추세를 보면 극단적 형태의 건물에서는 바닥과 벽 또는 지붕과 벽, 심지어 바닥, 벽, 지붕이 하나로 이어져 곡면으로 이룬 모습을 보이고 있다. 〈그림 2-128〉의 동대문디자인플라자가 그 예이다. 이 정도 경계의 흐림은 그리 파격적인 것은 아니다.

그런데 이를 위해서는 여러 가지 기술적인 부분의 극복이 필요하다. 일반적인 건물에서 몰딩이나 걸레받이가 필요한 이유이다. 벽과 천장, 바닥과 벽 부분에서 일반적인 시공방법에 따르면 다소 거칠게 남게 되며, 이를 가리기 위한 것이다. 걸레받이는 물걸레질을 하는 입장에서 벽이 손상되는 것을 막아준다. 이에 적절한 시공과 유지관리가 요구된다.

그리고 실내와 실외를 관통하는 바닥, 벽 및 지붕(또는 천장)과의 관계에서 적절한 물끊기와 배수가 필수적이다. 비가 올 때 창문으로 들이치는 문제뿐만 아니라 빗물이 지붕(또는 천장)을 타고 흘러 들어오는 문제도 염두에 두어야 한다. 일반적인 건물에서도 잘 처리해야 하는 문제이지만 실내의 재료를 실외의 재료로 쓸 수 없는 만큼 유사한 재료를 사용해야 ㄱ놀이가 가능한 만큼 더 신경을 써야 한다. 예를 들어 발코니에서는 완벽한 방수가 되도록 적합한 재료를 사용하지만 실내의 바닥에서는 방수 기능까지 필요로 하지 않는다.

〈그림 2-129〉 제주 오설록의 외부벽이 내부로까지 들어온 모습

207 ㄱ놀이 배경 7 / 우리나라 건축

ㄱ놀이는 하나의 건물이 다양한 바닥면, 지붕면, 벽면으로 구성되어야 제대로 활용된 모습이다. 이러한 측면은 사실 우리나라 한옥에서도 보여지고 있다고 생각한다. 이에 한글을 건축에 적용함에 따른 타당성, 합리성들을 보여주고 있다고 판단하여 이 부분을 살펴보고자 한다.

우선 바닥면을 살펴보자. 일반적으로 서양의 건축에서는 집을 보면 거의 동일하거나 유사한 재질의 바닥을 이룬다. 그러나 한옥은 **흙이라는 온돌과 나무의 마루라는 이질적 바닥의 접합**으로 이루어져 있다. 또한 이 내부와 외부의 바닥 높이가 차이가 난다. 보통 무릎 정도의 높이차가 난다. 이로 인해 마루가 떠 보이며, 그 밑부분은 햇빛이 안들어 어두움이 짙다.

1년에 여름과 겨울이 만나는 4계절이 뚜렷한 우리나라의 기후특성을 건축물에서 해결하다보니 이러한 답이 나온 것이다. 북쪽 지역에서는 온돌이 남쪽 지역에서는 마루라는 시스템이 만들어져서 중부지역에 합쳐져서 전국으로 퍼진 것으로 보고 있다.

이 뿐만 아니다. 현관의 바닥은 일반 바닥과 차이를 이룬다. 아파트라는 형식이 서양에서 건너온 것이기는 하지만 신발을 벗는 문화까지 서양식으로 바꿀 수는 없었다. 신발을 벗지 않고 침대에 들어서서야 벗는 그들의

〈그림 2-130〉 한옥 사랑방에서 미닫이 문을 열어 마루에서 온돌방으로의 공간 연속성이 보여진다.

문화와 실내로 들어가기 위해서는 무조건 벗는 문화가 현관이라는 공간에서 다르다는 것을 강하게 느끼게 한다. 아파트는 현관 외에도 3~4가지 공간에서 바닥차가 나타난다. 방, 마루 등 일반적인 바닥높이와 현관, 욕실, 발코니, 다용도실 등의 바닥높이 차이는 다르며, 별도의 문에 강한 실내화를 두기도 한다. **우리는 이처럼 다양한 바닥 높이에 적응되어 있다.**

문이 벽에 고정되고 여닫이 방식이 대부분인 서양의 건물에 비해 한옥은 대개 미닫이여서 열어놓고 있는 것에 그리 부담이 없다. 심지어 떼어놓을 수 있으며, 천장에 매달기도 한다. 제사 때는 문을 떼어 넓은 공간으로 변모한다. 또한 미닫이문이 벽의 대부분을 차지하여 문을 열면 다른 공간과 쉽게 융합되는 모습이 인상적이다. 〈그림 2-130〉에서 보여진다. 다시 말해 우리는 **용도 및 계절에 따라 벽의 다양함과 공간의 연속성을 보는 것에 어색한 민족이 아니다.**

지붕면에 있어서 하나의 층에 방에서의 천장마감과 마루에서의 천장마감, 툇마루에서의 지붕 등 **보여지는 양상이 다양하게 나타난다.** 마루에서는 경사진 지붕이 노출된 지붕면인가 하면, 방에서는 수평적으로 맞춰진 천장면을 갖는 경우가 많다.

이처럼 과거에서부터 바닥의 높이차, 벽면의 다양한 구성과 연속된 공간, 지붕의 다양한 모습 등의 ㄱ놀이와의 연결고리가 되어 준다.

〈그림 2-131〉 노출된 천장면

208 ㄱ놀이 배경 8 / 상징, 의미

현대건축을 모더니즘과 포스트모더니즘으로 구분하여 설명할 때 상징과 의미라는 부분이 중요한 한 꼭지를 차지한다. 이전의 모든 양식적 표현들을 모두 버리려 했던 모더니즘은 상징과 의미도 함께 사라졌다. 그러나 상징과 의미는 사람에게 가치 있는 부분이라고 생각하여 포스트모더니즘에서는 이를 살려냈던 것이다.

ㄱ놀이는 한글의 자음과 모음의 형태를 건축물 입면에 표현하는 작업이다. 건축물은 도시 상에 놓여지고 이에 어떤 건물은 예측되어지지 않는 사람들에게도 보여진다. 즉 어떤 외부인은 그 건물에 거주하지 않더라도 그 건물 주변의 도로를 걸었고, 그 시야에 그 건물이 보일 수 있다. 그리고 우리에게는 친숙한 한글의 형태이므로 단순히 보이는 것에 그치지 않고 무언가가 읽혀질 수 있다는 것이다.

〈그림 2-132〉 이름으로 건물 입면을 디자인한 예 1

건축주가 ㄱ놀이를 하되 건축주 자신의 이름에 있는 자음과 모음을 사용하여 디자인하라고 한다면, 건축주 이름의 상징과 의미가 건축주와 직접적인 관계가 없는 도시 시민들에게도 건축물 입면에서 읽혀지는 결과가 생긴다. 이로 인한 디자인적 수요가 생길 수 있다.

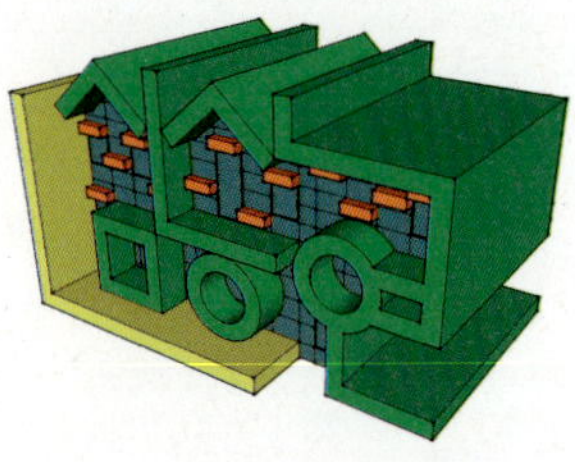

〈그림 2-133〉 이름으로 건물 입면을 디자인한 예 2

음식점에 낙서할 수 있는 벽이 있다면 'OOO과 OOO은 2010년 10월 10일에 다녀갔음'이라고 남겨놓는 것을 흔히 볼 수 있으며, 남산 N타워에서 자물쇠를 통해 자취를 남기는 모습은 많이 볼 수 있는 광경이다. 그리고 젊은 사람의 새로 뽑은 자동차 뒤에 이니셜을 붙이는 모습도 많이 볼 수 있다.

이처럼 건물에 그런 흔적을 남기고자 하는 바램이 있다면 ㄱ놀이가 하나의 방법이 아닐까 싶다. ㄱ놀이는 단순한 건축물 입면 디자인에 그치지 않고 우리에게는 읽혀질 수 있기 때문이다. 반면에 외국의 건축물에 ㄱ놀이로 디자인한다면 한글을 알지 못하기에 읽혀지는 대상이 되지 못하며 디자인 요소로만 보여질 것이다.

3

ㄱ놀이 확장규칙

301 ㄱ놀이 확장규칙 1 / 길이의 다름

이 확장 규칙은 자음과 모음 형태의 한글로 보여지기 위해서 알맞은 길이와 비례가 있어야 하는데, 이를 완전히 무시하여 디자인의 범위를 확장하겠다는 의미이다.

〈그림 3-1〉은 사무소 건물을 2가지 형식으로 설계해 보았다. 윗 그림과 아래 그림을 비교하면 윗 그림은 한글로 보여지는 비례를 적용한 예이며, 아래 그림은 확장규칙 1이 적용된 예이다.

아래 그림에서 2번과 3번이 짧아서 한글처럼 읽혀지지 않는다. 더군다나 ㄷ형태에서 5번과 6번의 길이가 서로 같지 않아 ㄷ으로 읽혀지지 않는다. 이에 아래 그림은 한글디자인을 적용한 빌딩같이 보이지 않는다.

그럼에도 불구하고 다양한 디자인 확장을 위해 채택한 확장규칙인 것이다.

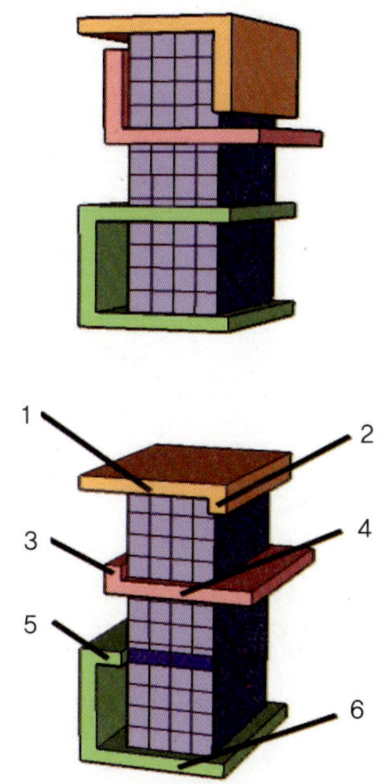

〈그림 3-1〉 확장규칙 1
길이의 다름의 예

302 ㄱ놀이 확장규칙 2 / 평행의 부정

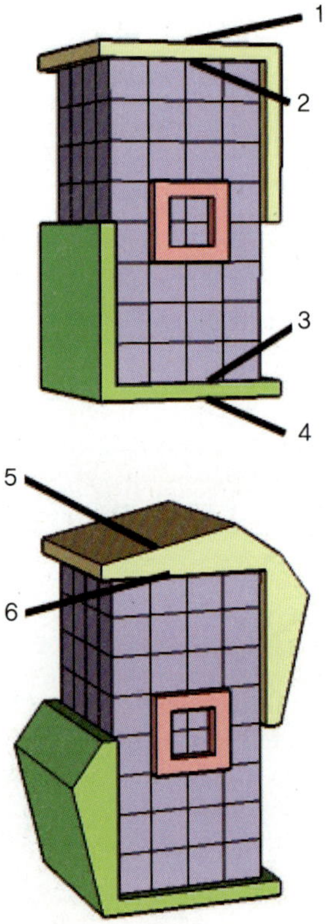

〈그림 3-2〉 확장규칙 2
평행의 부정

〈그림 3-2〉를 보면 ㄱ형태가 한글로 읽히려면 1번과 2번이, 그리고 3번과 4번처럼 평행 또는 나란하면 좋다. 그런데 〈그림 3-2〉의 아래 그림과 같이 5번과 6번은 나란하지 않다. 이러한 모습도 허용하자는 확장규칙이 '평행의 부정'이다.

이러한 확장규칙은 일반적으로 실내쪽으로는 수평, 수직을 두고 실외쪽으로 변화를 주는 방식을 택할 것으로 예상된다. 그러나 요즘 실내공간도 혁신적 모습을 보여주기 때문에 〈그림 3-2〉의 아래 그림에서 5번뿐만 아니라 6번도 아래 방향으로 변화를 주는 방식도 괜찮으리라 본다.

303 ㄱ놀이 확장규칙 3 / 공간 닫힘의 부정

〈그림 3-3〉을 보면 ㄱ놀이를 하다보면 그 측면이 1과 2처럼 사각형일 수밖에 없다. 그 이유는 ㄱ놀이에 의해 실내공간이 닫혀지는 것을 전제로 했기 때문이다. 그런데 1번과 2번 같은 형태를 3번과 4번처럼 변형을 하려는 확장규칙이다.

이 확장규칙의 이름은 많은 고민을 했었다. '직사각형 부정' 등의 이름도 한때 고민했었다. 그런데 이 확장규칙을 적용하면 5번과 비교되는 6번처럼 공간이 안 닫혀져 실내공간을 밀폐시키기가 어려웠다. 이에 확장규칙 이름을 '공간 닫힘의 부정'으로 하였다.

3과 같은 경우에는 실내공간이 직사각형이라면 지붕이 다르게 나타날 가능성이 있다. 그리고 천장고도 유지하기 어려우므로 1.5층 이상 규모의 실내공간에서 적용될 수 있다.

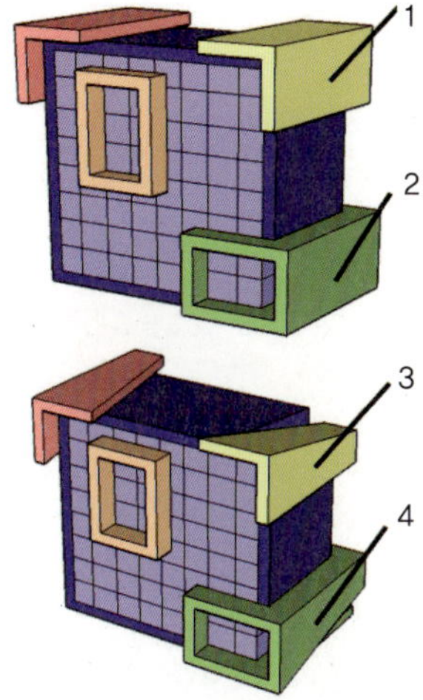

〈그림 3-3〉 확장규칙 2
공간 닫힘의 부정 1

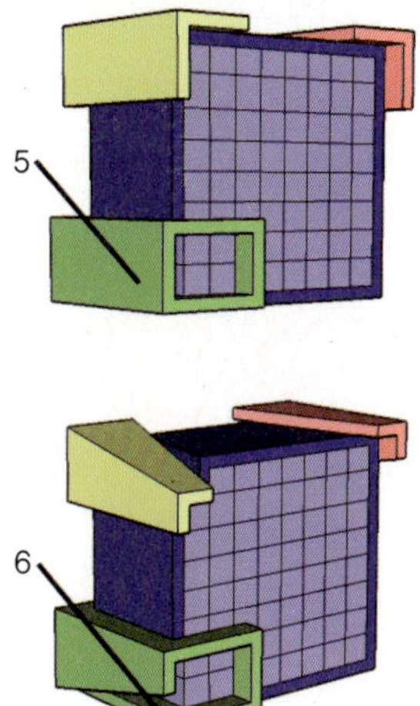

〈그림 3-4〉 확장규칙 2
공간 닫힘의 부정 2

304 ㄱ놀이 확장규칙 4 / 부가적 형태의 허용

〈그림 3-5〉 확장규칙 4
부가적 형태의 허용

이 방법은 앞서 기본 규칙에서 한글의 자음 중 'ㄱ, ㄴ, ㄷ, ㄹ, ㅁ, ㅂ, ㅋ, ㅌ, ㅍ'들을 우선적으로 한정된 디자인을 하자고 하였다. 이러한 한정에서 벗어나 ㅅ, ㅈ, ㅊ 등도 허용하는 것을 말한다. 다만, 직선에 의한 형태의 자음만을 허용하는 것을 말한다. 이들 자음은 수평, 수직에 의해 만들어질 수 없으므로 그간 논의에서 제외했었다.

건물에는 보통 지붕이 있기 마련이며, 지붕은 비나 눈의 자연재해에 대비하기 위해 기울기를 갖는 것이 일반적이다. 이러한 측면에서 ㅅ형태가 쓰이는 경우가 많다. 그리고 ㄱ은 45도 기울이면 ㅅ이기에 ㅅ형태가 특별해 보이지는 않을 수 있다.

ㅈ형태와 ㅊ형태의 경우 ㅅ형태에 뭔가 덧붙여지는 부가적 형태로 보여 이 확장규칙의 이름을 '부가적 형태의 허용'으로 하였다. 다소 의미없는 장식 같아서 디자인에 거부감이 들 수는 있다. 그래서 많이 사용하지는 않을 것 같은 확장규칙이다. 그러나 모든 자음으로 구현되는 것이 디자인 방법론상 의미가 있기에 없어서는 안 될 확장규칙이다. 〈그림 3-5〉는 이 확장규칙을 적용한 예이다.

305 ㄱ 놀이 확장규칙 5 / 각의 변화

기본 규칙에서는 각을 모두 90도로 하는 것으로 정했다. 사람은 직립이고 직육면체 공간이 보편적이기 때문이다. 그러나 설계 시 다소 답답할 수 있는 규칙이다. 이에 '**각의 변화**'를 확장규칙의 하나로 했다. 각의 변화는 4가지 방법으로 분류할 수 있다. 〈그림 3-6〉에서 그 방법별로 예시를 해보았다.

우선 1번처럼 X축과 Y축이 직각이라는 규칙을 제외하는 것을 말한다. 즉 한글에서 ㄱ이 모음 ㅗ, ㅡ, ㅜ 등에 붙을 때와 ㅏ, ㅑ, ㅕ 등에 붙을 때를 비교해보면 다르다는 것을 인지할 수 있다면 쉽게 이해된다. 1번에서 X축과 Y축의 각은 90도인데, 2번은 임의의 각을 가진다. 이 방법은 어떤 축이 고정되고 움직이느냐에 따라 다르게 나타난다. 즉 X축이 고정되고 Y축이 움직이는 것과 Y축이 고정, X축이 움직이는 유형, 그리고 X축과 Y축 모두 움직이는 유형이 있다.

두 번째는 X축과 Y축이 90도를 유지한 채로 축이 회전하는 것을 의미한다. 어쩌면 ㅅ이 대표적인 예일 수 있다. ㄱ을 45도 기울이면 ㅅ과 유사한 모습이다.

세 번째는 X축과 Y축은 90도로 고정한 채로 X축과 Z축의 각이 변화되는 것이다. 1번에서 X축과 Z축의 각은 90도인데, 4번에서 임의의 각인 것이다.

마지막으로 위에서 언급한 방법들을 복합시킨 것이다. 5번은 두 번째 방법과 세 번째 방법을 합친 것이다.

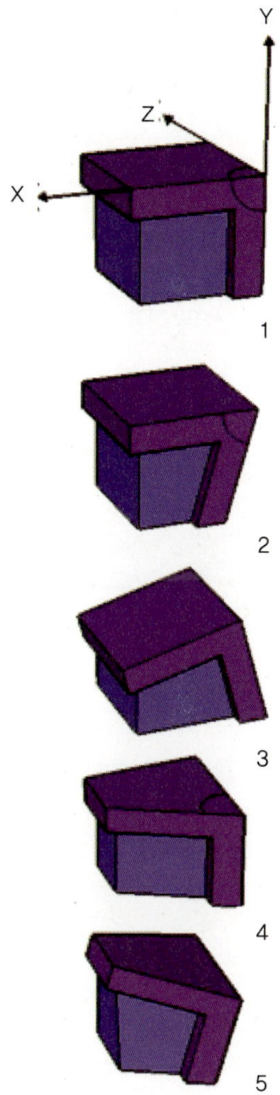

〈그림 3-6〉 확장규칙 5
각의 변화 유형

306 ㄱ놀이 확장규칙 6 / ㅇ의 허용

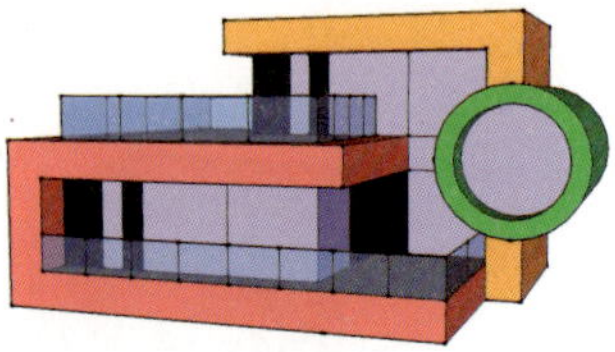

〈그림 3-7〉 확장규칙 6
ㅇ의 허용 예 1

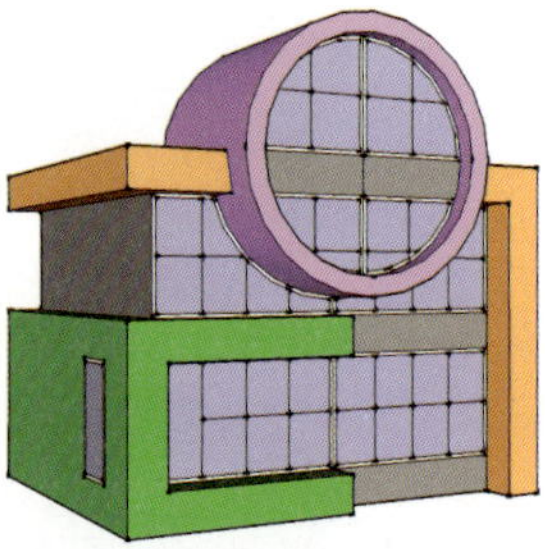

〈그림 3-8〉 확장규칙 6
ㅇ의 허용 예 2

〈그림 3-9〉 소리가 퍼져나갈 듯한 원의 다양한 크기와 형태로 입면을 구성한 크링(Kring)

이 방법은 한글의 자음 중에서 직선에 의한 형태의 자음만 허용한 것에서 벗어나 원에 의한 형태 ㅇ과 ㅎ, 그리고 옛 자음인 ㆁ까지를 허용하는 것을 말한다. 일반적으로 원과 같거나 조금 벗어난 형태이다.

다만, 일반적으로 물건과 수납에 의한 가구가 직각에 의한 것이 많아서 직각에 의한 공간이 사람에게 편리하다. 그렇기에 원에 의한 형태도 그리 많이 사용되지 않으리라 본다. 그러나 직각에 의한 표현으로 지루함을 느낀다면 이의 적절한 사용으로 다양한 표현들이 가능하다고 여겨진다. 〈그림 3-7〉과 〈그림 3-8〉은 확장규칙을 적용한 예이며, 〈그림 3-9〉는 원만으로도 충분한 입면 디자인이 가능하다는 것을 보여주는 듯한 운생동의 크링(Kring)이다.

307 ㄱ놀이 확장규칙 7 / 모음의 허용

기본 규칙에서는 한글의 일부 자음만을 가지고 디자인하는 것으로 하였다. 이번 확장규칙은 제목에서 보듯이 한글의 모음도 허용하여 디자인하는 것을 말한다.

한글의 모음 형태를 살펴보면 ㅏ, ㅑ, ㅓ, ㅕ, ㅗ, ㅛ, ㅜ, ㅠ, ㅡ, ㅣ 등 뿐만 아니라 이를 복합한 ㅔ, ㅖ, ㅐ, ㅒ, ㅚ, ㅟ, ㅢ 등 다양한 형태를 이용할 수 있다. 〈그림 3-10〉은 모음을 이용하여 입면 구성한 예를 보여주고 있다.

모음의 한글창제원리에 있어서 ㅣ는 天(천), ㅡ는 地(지), ·은 人(인)이라는 의미를 갖기에 〈그림 3-11〉의 예에서 보듯이 이를 이용한 입면 디자인도 모음의 디자인을 이용한 것으로 본다.

〈그림 3-10〉 모음에 의한 ㄱ놀이의 예시

〈그림 3-11〉 한글창제원리에 의한 모음 디자인

308 ㄱ놀이 확장규칙 8 / 구분 배제의 허용

1
2
3

〈그림 3-12〉 확장규칙 8
구분 배제의 허용

ㄱ놀이의 기본 규칙에서 바닥, 벽, 지붕(천장)으로 구분하고 일부가 실내보다 돌출함으로써 입면에 한글의 자음과 모음을 표현한다고 했었다. 〈그림 3-12〉의 1번에서 그 예를 볼 수 있다. 이에 반하여 이번 규칙은 각 면이 바닥, 벽, 지붕(천장)의 '구분'로만 한정되어 디자인하는 것을 배제하여 보다 확장하여 다양하게 구축하고자 하는 확장규칙이다.

예를 들어 한글의 디자인을 2번의 예처럼 창문의 주변을 디자인 대상으로 삼아 일부를 벽면에 튀어 나오거나 안으로 들어감에 의해 표현되는 경우이다.

또는 3번처럼 매스적 표현에 의해 디자인되는 예도 쉽게 디자인할 수 있는 예이다. 〈그림 3-12〉의 1번, 2번, 3번을 같은 축척으로 제시하여 더욱 쉽게 이해하도록 제시했다.

이 외에도 건물의 입면에 표현하는 것이 대부분인 ㄱ놀이이나 천장면에도 표현될 수 있다. 이 배경에는 필로티(piloty)와 외팔보(캔틸레버, cantilever)에 의한 공간에 있다.

필로티 공간은 벽이 없는 기둥으로만 된 공간이면서 천장이 닫혀 있는 공간으로 주로 준내부 또는 준외부공간이라 할 수 있다. 위의 매스가 비교적 가볍게 보이도록 하는 공간이기도 하며, 갤러리 같은 공간연출이 가능하다. 외팔보는 기둥 없이 지붕이나 매스가 버티는 경우다. 이 두 가지에 의한 공간은 아래에서 위로 보는 시각에 의해 모두 천장면이 보인다는 공통점을 갖고 있다.

〈그림 3-13〉은 필로티 공간이 있는 건물인데 그 공간에서 위를 보게 되면 〈그림 3-14〉처럼 ㄱ이 보이게 된다. 〈그림 3-15〉는 외팔보에 의한 매스가 떠 있는 부분이 보인다. 그 아래에서 위의 천장을 보게 되면 〈그림 3-16〉처럼 ㄱ과 ㅁ의 형태가 보인다.

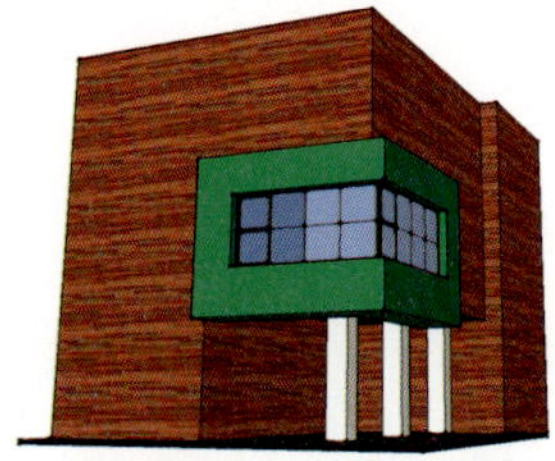
〈그림 3-13〉 필로티 공간이 있는 건물

〈그림 3-14〉 필로티 공간에서 보이는 ㄱ놀이의 ㄱ

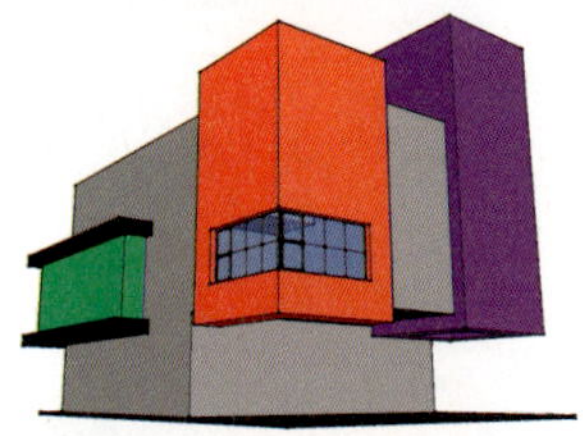
〈그림 3-15〉 외팔보에 의해 매스가 떠있는 건물

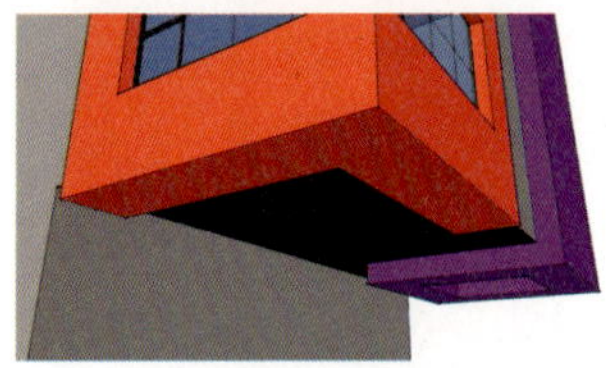
〈그림 3-16〉 외팔보 아래 공간에서 천장을 보면 ㄱ놀이에 의한 ㄱ과 ㅁ이 보인다.

309 ㄱ놀이 확장규칙 9 / 비(非) 한글

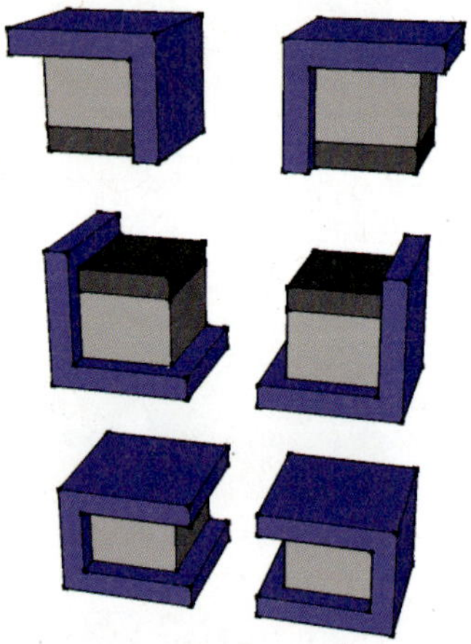

〈그림 3-17〉 한글이 아닌 ㄱ, ㄴ, ㄷ의 반대 형상

〈그림 3-18〉 한글로 인지되지 않으나 ㄹ의 변형 또는 ㄱ, ㄴ, ㄷ의 변형으로 유추되는 입면 디자인

한자인 '非'는 '아니다'라는 의미로 '비'라고 읽는다. 이 규칙은 한글이 아닌 형태로 디자인되는 것을 말한다. 그러나 한글이 아닌 모든 형태가 이 규칙의 범주에 속하는 것은 아니다. 한글에서 온 듯한 유사 또는 유추형태들을 이 확장규칙에 의해 적용하려 한다.

기본적으로 예상되는 것은 〈그림 3-17〉의 왼쪽은 명확히 ㄱ, ㄴ, ㄷ으로 읽혀질 수 있는 디자인이다. 그러나 오른쪽은 거울에 비친 모습처럼 그 반대의 형상으로 한글의 유사 형태이긴 하나 정확한 한글의 형태는 아니다. 이와 같은 형태로 디자인해도 ㄱ놀이로 인정하자는 확장규칙이다.

또한 〈그림 3-18〉과 같이 ㄹ이 변형 또는 ㄱ, ㄴ, ㄷ이 변형된 것처럼 유추되는 형태 등으로 구축되는 경우도 이 규칙에 포함한다.

310 ㄱ놀이 확장규칙 10 / 비(非) 인지

일반적으로 한글의 어떤 자음이나 모음 형태로 명확하게 인지되는 경우였다. 그런데 인지가 안 되는 경우이다. ㄱ놀이 확장규칙 9인 '비(非) 한글'도 한글이 인지되기 어렵지만 한글의 자음과 모음을 정확하게 사용해서 구축하지 않았을 뿐이지 인식을 못하는 것은 아니다. 이 '비(非)인지'는 한글의 자음과 모음의 형태를 이용하여 설계했음에도 불구하고 인지가 제대로 안 되는 경우로 설명이 필요한 확장규칙인 것이다.

예를 들어 〈그림 3-19〉와 같이 각 자음이 제대로 인지되도록 나열하였다. 그런데 각각의 자음들을 각기 90도 회전시킨 〈그림 3-20〉과 같은 예에서는 첫 번째 자음과 마지막 자음만이 그것도 각기 그 방향에서만 인지되고 그 사이의 자음은 인지되기 어렵다. 그리고 첫 번째 자음과 마지막 자음이 한꺼번에 인지되지는 않는다.

이런 경우 조금이라도 인지되도록 하는 방법은 〈그림 3-21〉과 같이 기준 위치를 달리하거나 〈그림 3-22〉와 같이 크기를 달리하는 등의 방법을 사용하는 것이다. 또는 실내에서만 인지되도록 할 수 있다. 하지만 이러한 경우에도 〈그림 3-19〉와 같이 아주 정확하게 인지되지는 않으며, 심지어는 디자인 개념이나 형태구성 방식을 설명해야 한글 디자인에 의한 작품임을 알 수 있다.

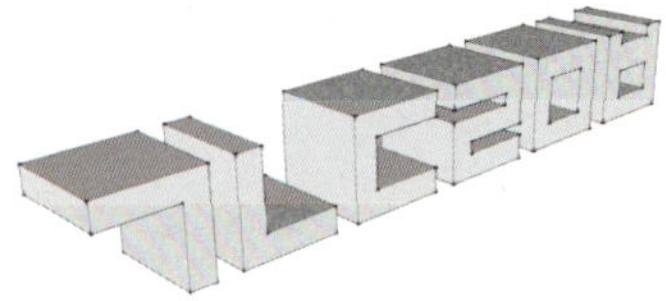

〈그림 3-19〉 각 자음의 형태가 인지되도록 나열된 모습

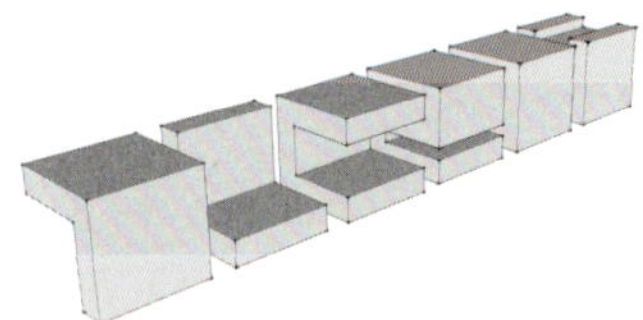

〈그림 3-20〉 각 자음을 90도 회전하여 맨 앞과 뒤 자음 외에는 인지하기 힘든 모습

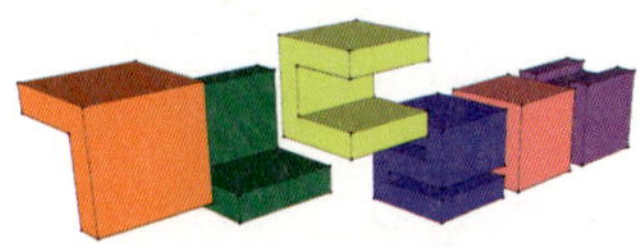

〈그림 3-21〉 각 자음들을 색들을 입히고 수직적 위치를 잡는 모습

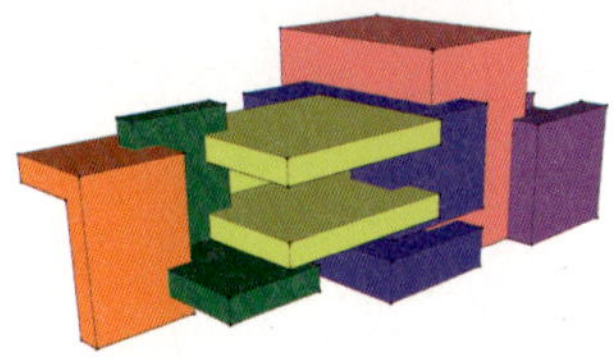

〈그림 3-22〉 각 자음의 크기를 조절하고 서로 연결되도록 겹치어 더욱 인지하기 힘든 모습

4

ㄱ 놀이 건축작품

401 2006년 작품 / 건축과 ㄱ놀이 1

이전 작품들을 보면 사선 또는 각을 사용하여 형태와 공간에 변화를 주는 시도를 주로 했었다. 이번 프로젝트부터는 수평, 수직에 의한 디자인에 의한 시도로 변경하였다. 그 이유는 한글 형태를 이용한 건축디자인을 시도해보기 위함이다. 2006년에 한국건축가협회의 제25회 대한민국건축대전 초대작가전에 전시된 작품이다.

사실 이러한 디자인은 예전부터 생각했었다. 2004년 작품을 만들고 이에 대한 제목을 '원점'으로 정하기 이전부터 한글을 이용한 디자인방법론을 적용한 작품을 생각했었다. 그럼에도 2005년도에도 시도하지 않았고 2006년에야 시도한 이유는 수평, 수직에 의한 디자인이 과연 다른 사람들에게 먹힐 수 있을까 하는 의문 때문이었다.

많은 잡지 또는 인터넷에 소개한 작품들을 보면 경사진 벽을 이용하든가 곡면의 벽, 지붕에 의한 희한한 작품들이 많다. 그렇기에 수평, 수직에만 의존한 디자인이 주가 될 이 방법론이 사람들에게 관심을 가져 줄 수 있을까 하는 많은 고민들을 필요로 했다.

다른 사람에게 이 디자인 방법론을 소개하는 방법은 우선 책을 내는 것이 아니라 여러 방법으로 시도한 작품들을 우선 세상에 보여주는 것이라고 판단했다. 그 사고의 결과로 나온 첫 번째 작품이다.

〈그림 4-1〉 한글 자음으로 입면을 디자인했음을 보여주는 개념도

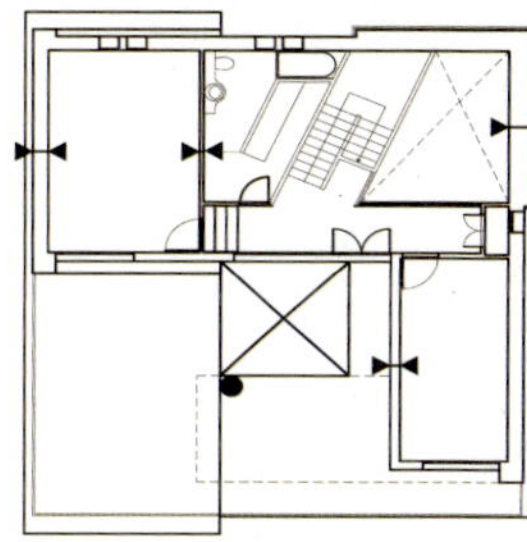

〈그림 4-2〉 ㄱ놀이를 위한 다양한 벽의 두께를 보여주는 개념도

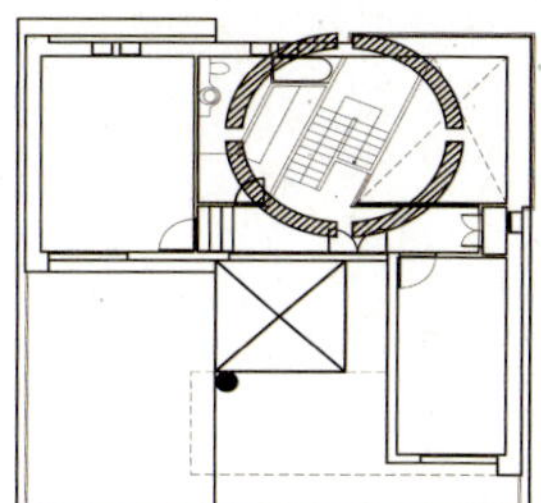

〈그림 4-3〉 계단의 역동성을 보여주는 개념도

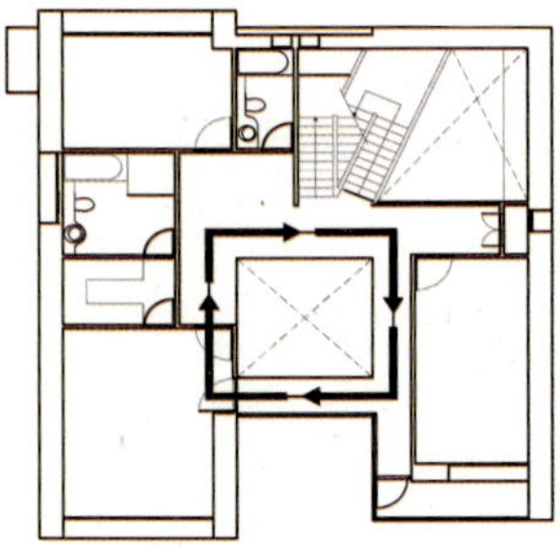

〈그림 4-4〉 동선의 순환을 보여 주는 개념도

〈그림 4-5〉 건축과 ㄱ놀이 첫 번째 모형사진

〈그림 4-6〉 건축과 ㄱ놀이 첫 번째 3D 사진

공간 프로그램을 구축하고 한글 형태를 위해 3층의 건물을 전제로 하였다. 〈그림 4-1〉에서 보듯이 자음 중 인지하기 쉬운 ㄱ, ㄴ, ㄹ, ㅁ의 형태를 넣었다. 〈그림 4-2〉처럼 이들을 구별할 수 있도록 벽두께와 벽의 위치를 다양하게 하였다. 정면을 중점적으로 디자인하니 측면은 자연스럽게 개성 있는 입면이 되었다.

여기에 〈그림 4-3〉에서 보여주듯이 수평, 수직이 아닌 역동적인 건축적 요소를 보여주기 위해 계단을 비스듬히 배치하였다. 외부인이 외부를 보고 내부로 들어왔을 때 수평, 수직이기만 할 듯한 내부라는 선입견을 여지없이 깨도록 하는 장치이다. 또한 〈그림 4-4〉와 같이 2층에 다리와 같은 복도를 두어 공간을 순환하도록 하였는데, 이를 통해 다양한 각도에서 공간들을 바라볼 수 있도록 하였다.

방의 천장과 발코니의 천장이 일치하고, 방의 바닥과 발코니의 바닥 높이가 같아야 바깥의 모습이 내부로 이어지게 된다. 이때 중요한 것이 비 등에 의한 물의 차단이다. 물은 중력에 의해 떨어지지만 벽을 타고 흘러가기도 한다. 따라서 물끊기 홈이나 배수를 필히 잘 처리해야 하는 작품이다.

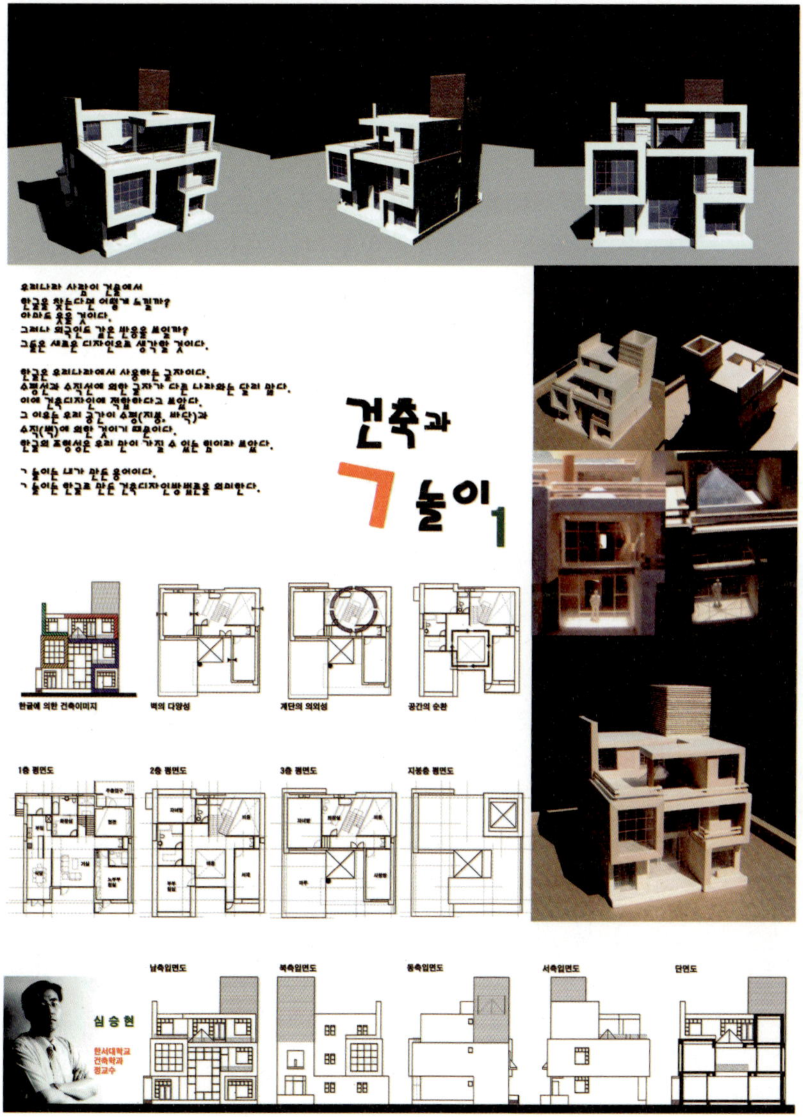

〈그림 4-7〉 건축과 ㄱ놀이 첫 번째 패널 사진

402 2007년 작품 / 건축과 ㄱ놀이 2

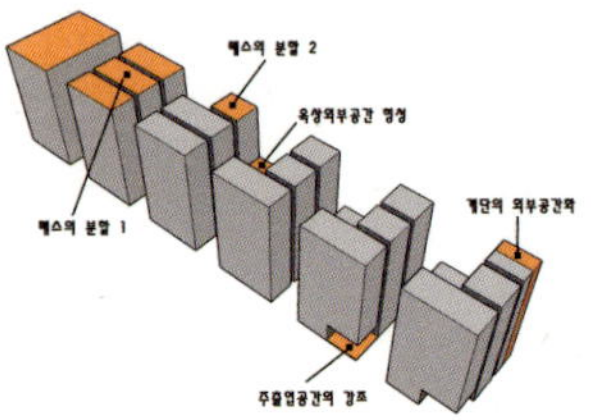

〈그림 4-8〉 ㄱ놀이 두 번째 매스 구성 개념도

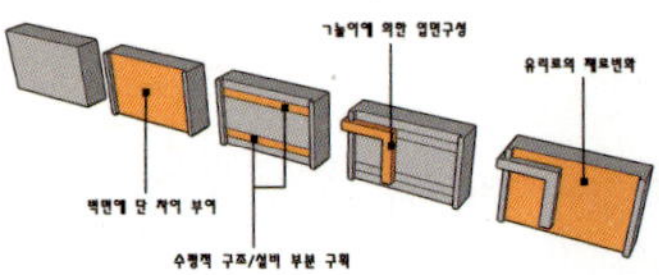

〈그림 4-9〉 건물 입면에서 ㄱ놀이 방법 소개

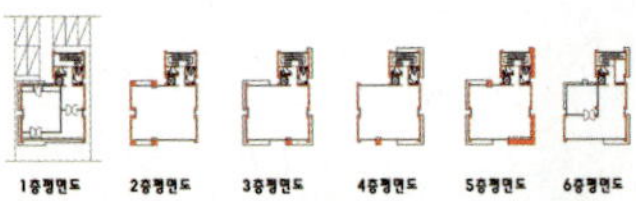

〈그림 4-10〉 ㄱ놀이에 의한 평면의 변화

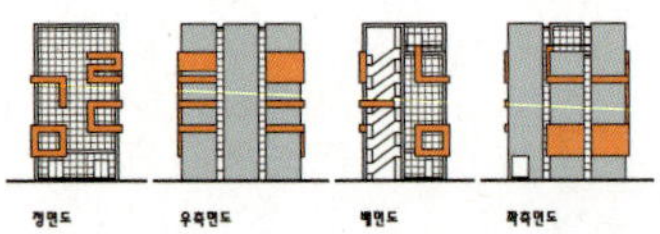

〈그림 4-11〉 ㄱ놀이에 의한 입면의 다양성

건축과 ㄱ놀이의 첫 번째 작품에 자신감을 얻어 또 시도한 두 번째 프로젝트이다. 2007년 한국건축가협회의 제26회 대한민국건축대전 초대작가전에 전시된 작품이다. 사무공간으로 이루어진 작은 빌딩에 ㄱ놀이를 적용하였다.

요구 내용에 따른 용적을 우선 설정하고, 매스를 3개로 나누었다. 전면의 디자인이 후면에 영향을 주지 않으려는 끊음을 위한 것이다. 그리고 굵은 테두리와 유리창으로 베이스 면을 만들었다. 또한 일부 매스를 삭제하여 외부에 진입과 휴식공간을 부여하였다. 계단과 엘리베이터 등의 코어 부분만 돌출시키고 계단을 외부계단으로 표현하여 공간의 깊이감을 두었다. 〈그림 4-8〉에서 보여주고 있다.

베이스 면 위에 한글 디자인을 표현하였다. 〈그림 4-9〉에서 정면에는 가상으로 세 부분을 나누어 한글 표현 부분과 한글 표현 안하는 부분으로 나누고, 2층과 4층 또는 3층과 5층에 한글 자음을 넣어 명확하게 한글 자음이 보이도록 하여 모두 4개의 자음을 넣었다. 배면에는 2개의 자음을 넣었다. 이에 따라 〈그림 4-10〉과 같이 각층마다 변화 있는 평면이 나왔다. 〈그림 4-11〉 중 배면도를 보면 계단쪽 입면에는 모음의 천(ㅣ), 지(ㅡ), 인(.)을 이용한 입면을 디자인하였다.

〈그림 4-12〉 건축과 ㄱ놀이 두 번째 모형사진 1

〈그림 4-13〉 건축과 ㄱ놀이 두 번째 모형사진 2

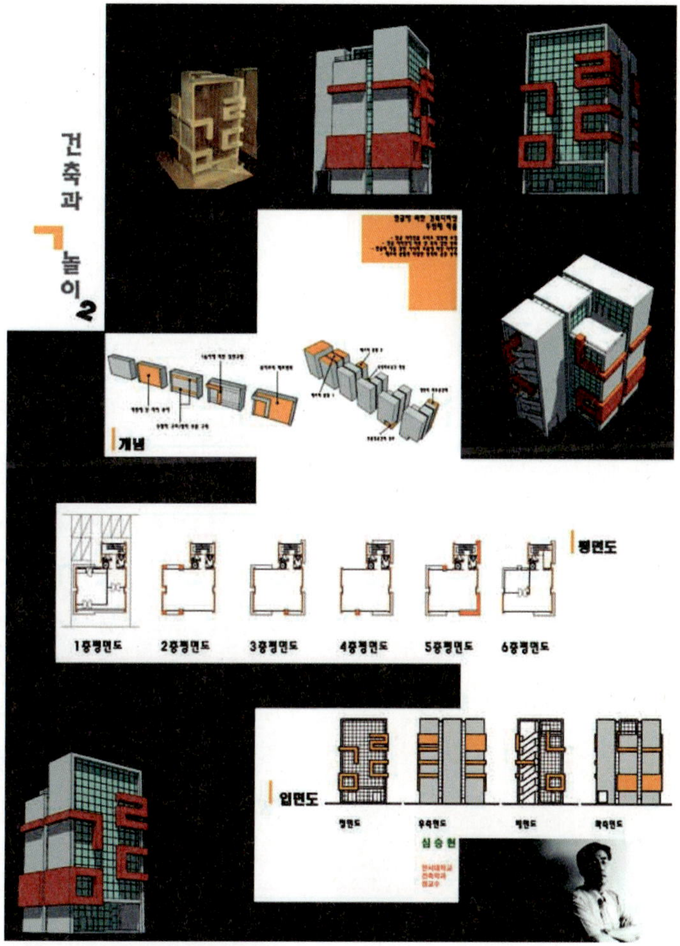

〈그림 4-14〉 건축과 ㄱ놀이 두 번째 패널 사진

403 2008년 작품 / 건축과 ㄱ놀이 3

〈그림 4-15〉 ㄱ놀이에 의한 책장 1

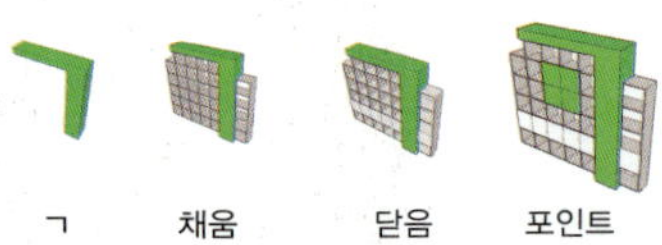

〈그림 4-16〉 ㄱ놀이에 의한 책장 2

〈그림 4-17〉 ㄱ놀이에 의한 책장 사진 1

한글을 이용한 건축 디자인 세 번째 인테리어 디자인이다. 2008년 한국건축가협회의 제27회 대한민국건축대전 초대작가전에 전시된 작품이다.

일반적인 아파트 형태의 평면이라 많은 곳을 디자인하기는 어려웠다. 이에 거실에 TV가 없는 공간을 원하므로 어른의 책꽂이 또는 진열장, 그리고 아이의 책꽂이 또는 수납장을 두는 것을 디자인 대상으로 삼았다. 여기에 더해 거실과 부엌 경계에도 ㄱ놀이를 적용해 보았다.

아이가 둘이 있으며, 두 아이가 유치원에 다니는 나이여서 다채로운 색을 집안에 넣는 것도 주요 주제로 삼았다. 주황색, 초록색, 노랑색, 파랑색, 분홍색, 빨간색, 하얀색 등 다양한 색상으로 가구를 설치하였다. 거실 전면부 책장은 주황색과 하얀색으로, 거실 배면부 책장은 녹색과 하얀색을 선택하였다. 거실과 부엌 경계에는 노랑색으로, 작은 책상 2개를 분홍색, 파랑색으로 하여 경우에 따라 조합하여 이용 가능하도록 하였다. 원래 있던 빨간 창틀에 더해 아일랜드 식탁과 가스레인지 벽면 타일에 빨간색을 넣고, 블라인드에도 주황색, 녹색, 하얀색을 섞었다. 에어컨은 파랑색을 선택하여 다양한 색의 혼합이 되도록 하고 몰딩과 문, 벽지, 천장, 싱크대 등은 하얀색으로 하여 배경이 되도록 하였다. 바닥은 밝은 나무색을 선택했다. 각 방은 노랑색, 녹색, 보라색, 파랑색의 벽지가 포인트 또는 배경이 되도록 하였다.

〈그림 4-15〉와 〈그림 4-17〉처럼 거실 전면부에는 어른의 책꽂이 겸 진열장으로 우선 베이스색을 하얀색으로 책장과 진열장 부분을 만들었다. 그 책장의 테두리를 천장과 바닥에서 약간씩만 띄워서 'ㄷ'형태로 만들었다. 두껍고 돌출되도록 하였으며, 윗부분은 좀 더 길게 빼내어 측면의 방문 위로까지 이어져서 가구의 입체화를 시도하였다. 책장 또는 진열장 부분의 각 칸의 높이를 달리하여 다양한 높이의 책이 수직 또는 수평으로 꽂힐 수 있도록 하였다. 이는 똑같은 높이의 책꽂이에 대한 선입견을 지우려는 목적이다. 주황색 테두리는 측면에 문을 두고 수직으로 긴 수납장을 두고, 테두리 윗쪽에는 스크린을 넣어 거실을 영화관으로 변모시킬 수 있는 가능성을 모색하였다.

〈그림 4-16〉과 〈그림 4-18〉처럼 거실 배면의 책장은 'ㄱ'형태의 녹색 부분을 넣었다. 하얀색의 책이 꽂히는 부분이 ㄱ 부분보다 가로를 길게, 그리고 높이는 한 칸 낮게 디자인하였다. 녹색 및 하얀색 문을 달아서 디자인을 보강하였고, 녹색 뒤쪽으로 깊은 수납공간을 넣었다. 〈그림 4-19〉는 패널 사진이다.

〈그림 4-18〉 ㄱ놀이에 의한 책장 사진 2

〈그림 4-19〉 ㄱ놀이의 세 번째 패널 사진

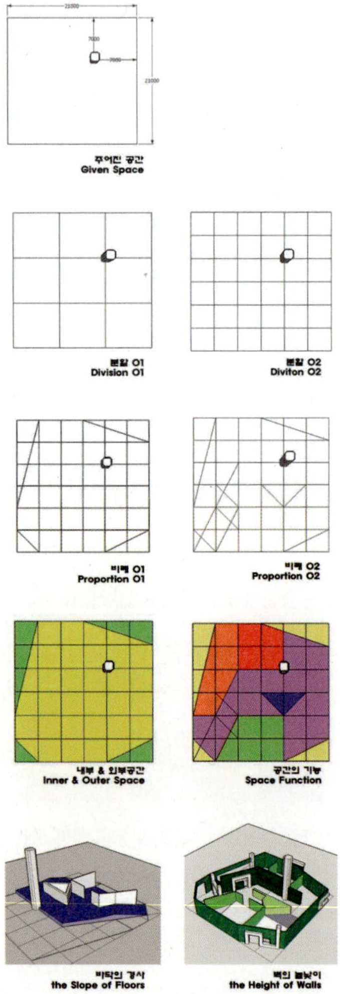

〈그림 4-20〉 개념도 모음

404 2009년 작품 / 건축과 ㄱ놀이 4

한글에 의한 건축 디자인 네 번째로 전시공간 프로젝트이다. 2009년 한국실내디자인학회의 국제초대전에 전시된 작품이다. 가로 21m, 세로 21m 정사각형에 기둥 하나가 있는 비어진 곳에 전시공간을 만드는 프로젝트이다.

주어진 공간을 1차로 가로, 세로 3등분 후에 다시 각 공간을 2등분하였다. 그후 사선을 넣어 직각의 모서리를 지우고 실내공간과 공공(公共)공간을 구분하였다. 전시동선에 경사로를 두어 순환의 속도를 빠르게 하며, 공간의 역동성을 느끼도록 하였다. 벽을 겹치게 하고 그 높이를 다양하게 하였으며 다양한 크기 및 높이의 개구부를 두었다.

안내공간, 입구, 출구, 사무공간, 전시공간, 세미나실(세미나 없을 시 홍보 영상을 보여주는 역할을 함) 등을 두었다. 안내공간에는 'ㄴ'을, 입구에는 'ㅂ'을, 출구에는 'ㄹ'을, 기업 타이틀이 붙여지는 벽면에는 'ㄱ'을 넣었으며, 부분적으로 'ㄷ', 'ㅁ'을 장식하였다. 전시공간은 보라색의 바닥과 파란색의 벽을 하여 전시동선이 명확하도록 하였다.

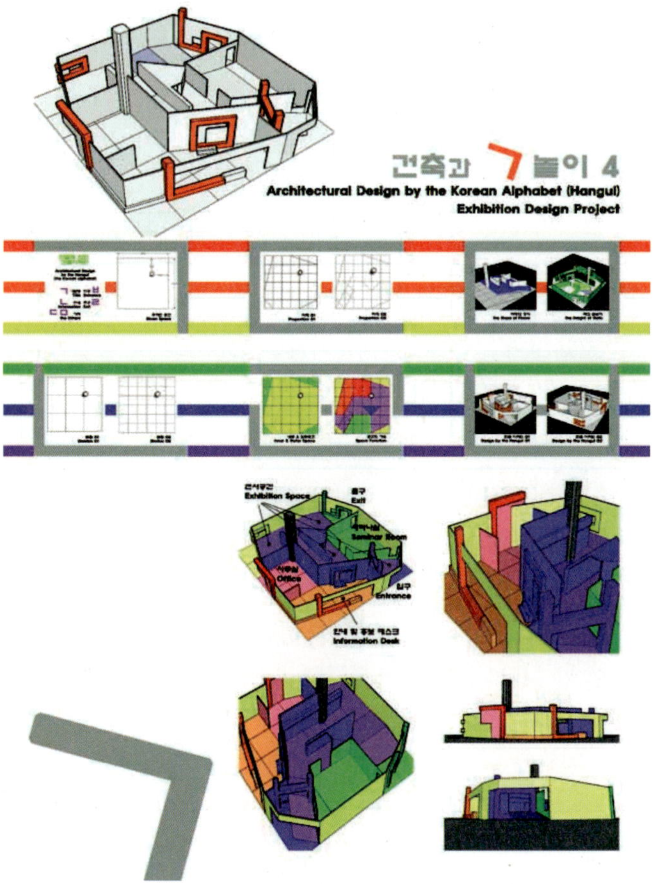

〈그림 4-21〉 ㄱ놀이 네 번째 패널 사진

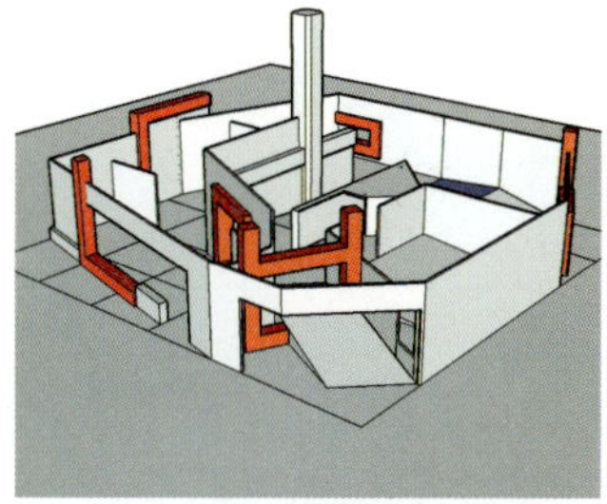

〈그림 4-22〉 한글 디자인 1

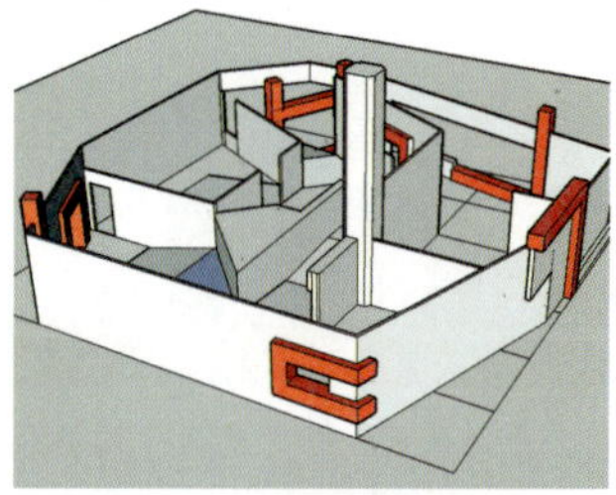

〈그림 4-23〉 한글디자인 2

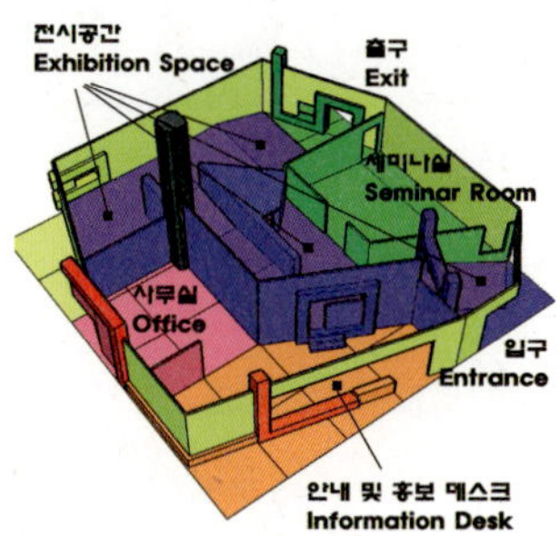

〈그림 4-24〉 공간의 기능 소개

405 2009년 작품 2 / 건축과 ㄱ놀이 5

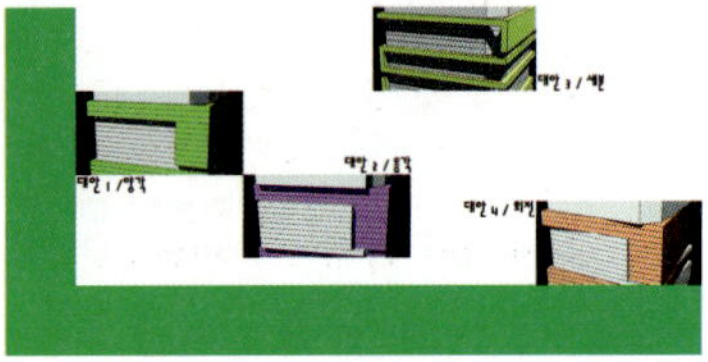

〈그림 4-25〉 입면 디자인 개념도 1

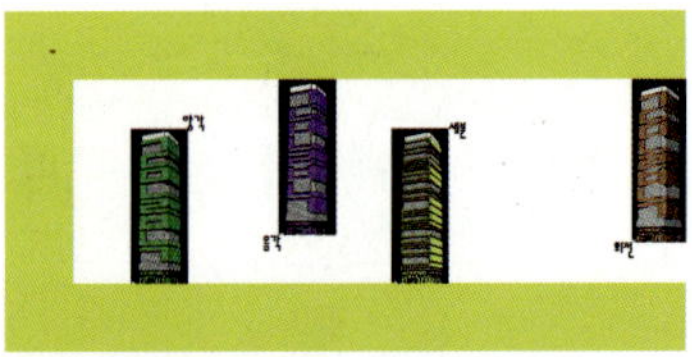

〈그림 4-26〉 입면 디자인 개념도 2

〈그림 4-27〉 ㄱ놀이 입면 그림

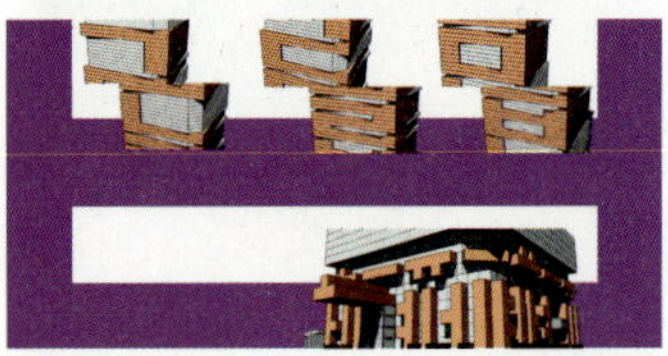

〈그림 4-28〉 ㄱ놀이 상세 그림

한글에 의한 건축디자인 다섯 번째로 고층 오피스 건물 입면에 한글 디자인 적용에 대한 프로젝트이다. 2009년 한국건축가협회의 제28회 대한민국건축대전 초대작가전에 전시된 작품이다.

56층 초고층 건물로 정사각형에서 한쪽 모서리가 45도로 잘린 코너에 위치한 건물로 입면만을 대안으로 제시하며 디자인한 프로젝트이다.

〈그림 4-25〉와 〈그림 4-26〉에서 보듯이 4가지 대안을 도출해내고 이 중 하나를 선정하여 대표작으로 제시하였다. 우선 첫 번째 대안으로 '양각'이다. 한글 자음이 돌출되는 형태로 입면이 디자인된 대안이다. 두 번째 대안은 '음각'으로 첫 번째 대안과는 반대로 한글 자음이 들어가는 형태의 대안이다.

세 번째는 첫 번째 대안처럼 한글 자음이 돌출되지만 한글 자음의 두께를 가늘게 표현하여 더 다채롭게 제시한 대안의 '세분'이다. 네 번째는 첫 번째 대안인 양각과 비슷하나 한글 자음 부분을 회전한 형태의 대안인 '회전'이다.

건물의 맨 위층은 한글 디자인을 삽입하지 않도록 하여 여백을 주고, 아랫부분은 모음으로 장식하여 무겁게 기단의 느낌을 갖도록 하였다.

〈그림 4-29〉 다섯 번째 ㄱ놀이의 3D와 모형사진

〈그림 4-30〉 다섯 번째 ㄱ놀이의 패널 사진

406 2010년 작품 / 건축과 ㄱ놀이 6

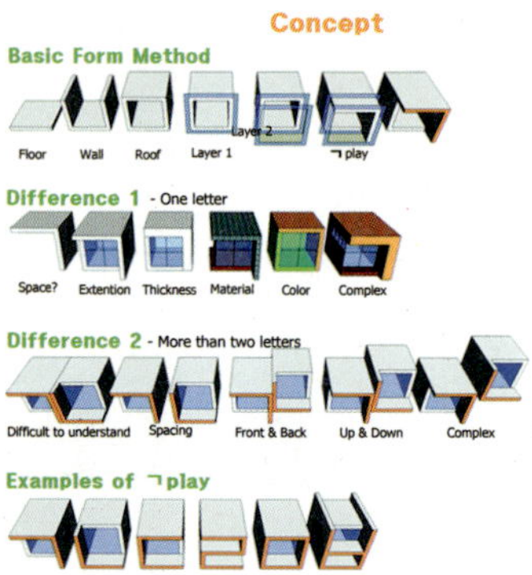

〈그림 4-31〉 개념 모음

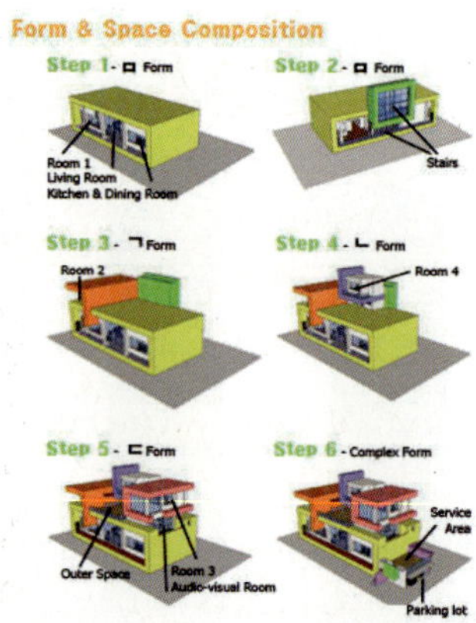

〈그림 4-32〉 형태와 공간 구성

한글에 의한 건축디자인 여섯 번째 프로젝트이다. 2010년 한국실내디자인학회의 국제초대전에 전시된 작품이다. 그 전의 작품에서는 한글 자음을 분리해서 명확히 떨어뜨려서 건물 입면에 적용해왔다면 이번 프로젝트는 한글 자음을 겹치는 방법으로 입면을 구성해보자는 목표를 갖고 시작했다.

일반적인 공간에서 바닥, 벽, 천장의 일부를 돌출시킴으로써 적용하는 것이 ㄱ놀이이다. 하나의 글자일 때 각각 차이를 두는 방법으로 돌출시키는 방법 외에 두께를 달리하는 방법, 재료를 달리 하는 방법, 색을 다르게 사용하는 방법, 이 모든 방법들을 혼합하는 방법 등을 찾아내었다. 두 글자 이상이 만날 때는 두 글자를 서로 띄우는 방법, 앞뒤로 차이를 두는 방법, 위 아래로 차이를 두는 방법, 그리고 앞의 방법들을 모두 섞어 쓰는 방법이다. 〈그림 4-31〉에 보여진다.

건물 형태에 있어 각 자음을 올리거나 끼우는 방법을 취했다. 〈그림 4-32〉에서 보듯이 우선 ㅁ형태로 커다란 매스를 놓고 또 다른 ㅁ을 측면에 끼웠다. 그리고 ㄱ을 ㅁ에 위에서 아래로 끼우듯이 끼웠다. 그 다음 ㄴ을 ㅁ과 간격을 두고 올려 놓았다. ㄴ 옆에 크기가 큰 ㄷ을 작은 간격을 두고 올려 놓았다. 주차장을 위한 시설의 작은 매스를 넣었다.

각 공간의 천장고는 다르며, 한글의 자음으로 인식되는 벽과 일반벽과는 두께도 다르다. 이로 인해 한글 자음의 간격을 조절하고 한글 자음의 인식도를 높인 것이다. 또한 벽이 튀어나오거나 들어간 위치도 각기 다르게 사용되었다. 1층과 2층을 연결하는 계단과 2층과 3층으로 연결하는 계단을 구분하여 다양한 공간을 보여주려 하였다.

〈그림 4-33〉 ㄱ놀이의 주택 3D 그림

〈그림 4-34〉 여섯 번째 ㄱ놀이의 패널 사진

〈그림 4-35〉 평면도와 단면도 모음

407 2011년 작품 / 건축과 ㄱ놀이 7

〈그림 4-36〉 실내 투시도 1

〈그림 4-37〉 실내 투시도 2

한글에 의한 건축디자인 일곱 번째 프로젝트이다. 2011년 한국실내디자인학회의 국제초대전에 전시된 작품이다. 한글 자음을 겹치는 방법을 두 번째로 시도한 작품이다. 앞의 작품이 연면적이 큰 주택이라면 이번 작품은 연면적이 작은 주택이다.

한글 자음 중에서 ㄱ과 ㄷ을 사이를 두고 나란히 두고 ㄱ와 ㄴ을 앞뒤로 끼운 형태이다. 여기서도 계단이 병렬로 놓여져 간격을 메우고 있으며, 3층 규모의 주택이다. 여기서도 각 공간의 층고는 각기 다르다.

〈그림 4-38〉 외부 투시도 1

〈그림 4-39〉 외부 투시도 2

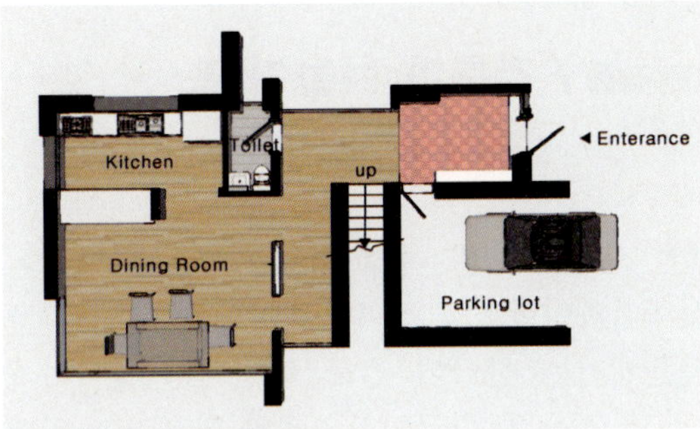

〈그림 4-40〉 1층 평면도

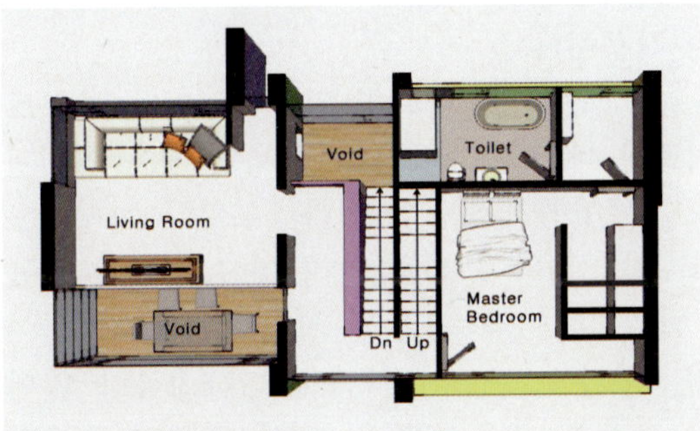

〈그림 4-41〉 2층 평면도

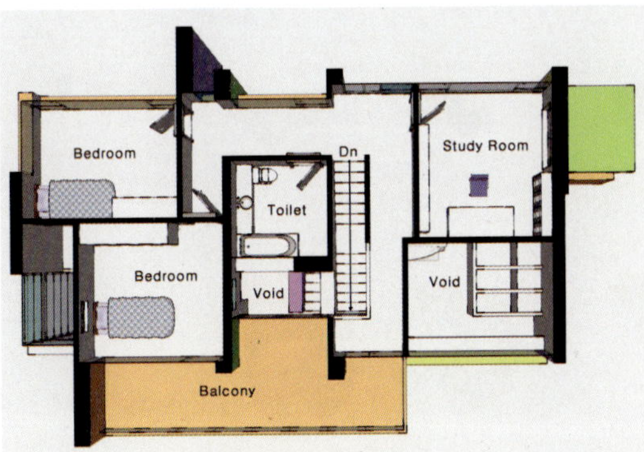

〈그림 4-42〉 3층 평면도

〈그림 4-43〉 ㄱ놀이의 일곱 번째 패널 사진

408 2013년 작품 / 건축과 ㄱ놀이 8

한글에 의한 건축디자인 여덟 번째 프로젝트이다. 2013년 한국실내디자인학회의 국제초대전에 전시된 작품이다. 이전 작품에서는 한글이 건물 입면에서 명확하게 인지되었지만 이번 작품은 한글이 두 개의 자음만이 입면상에서 인지되고 나머지는 개념상 또는 실내에서 유추적으로 인지되는 작품이다.

ㄱ, ㄴ, ㄷ, ㄹ, ㅁ, ㅂ을 나란히 만든 후 이를 90도로 회전시켜 겹치도록 배열한 것에서 건물 입면에서 인지될 수 있는 자음이 무엇인지 알 수 있다. 그렇다 하더라도 다소의 힌트를 주기 위하여 색을 달리 하고 설치되는 높이도 다르게 하였으며, 각 자음의 크기를 다르게 하여 변화를 주었다. 여기에 구조적 파격을 더해 1층을 많이 비워냈으며 그 아래를 주출입구 및 외부 주차장 등으로 사용할 수 있도록 배려하였다.

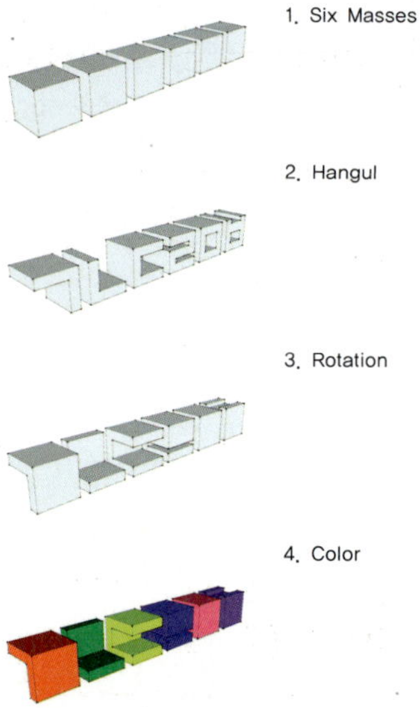

〈그림 4-44〉 개념 모음 1

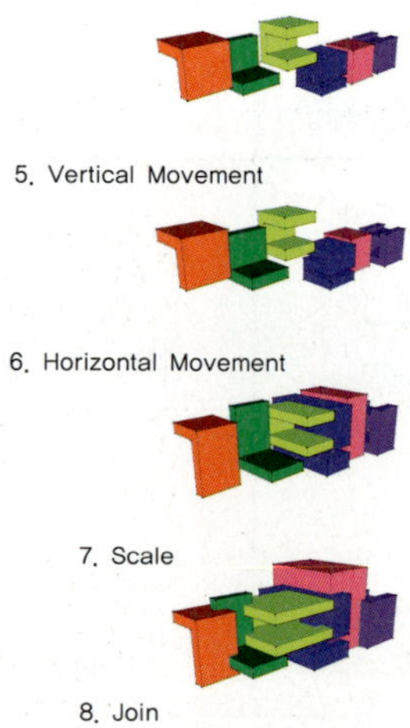

〈그림 4-45〉 개념 모음 2

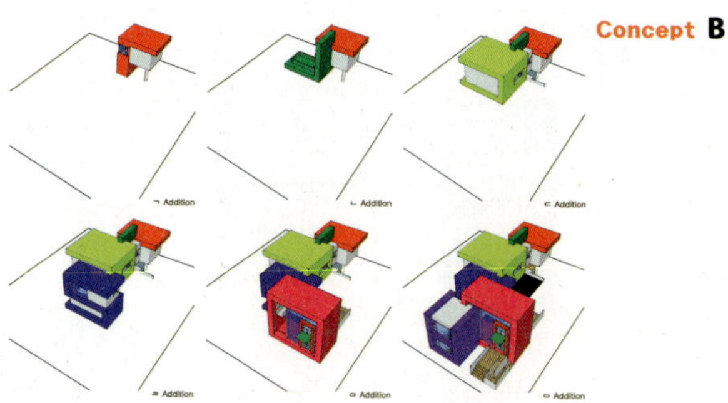

〈그림 4-46〉 개념 모음 3

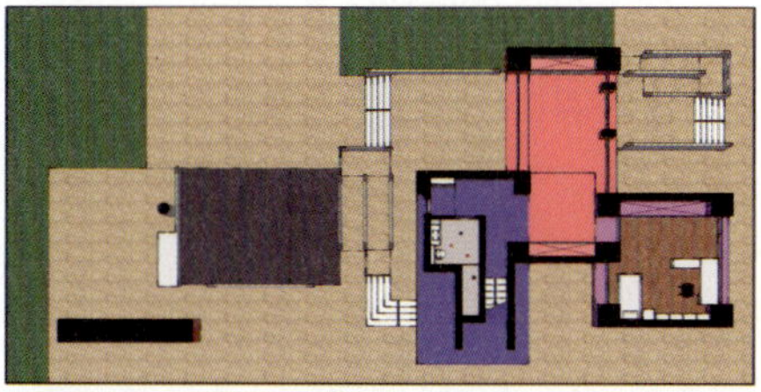

〈그림 4-47〉 1층 평면도

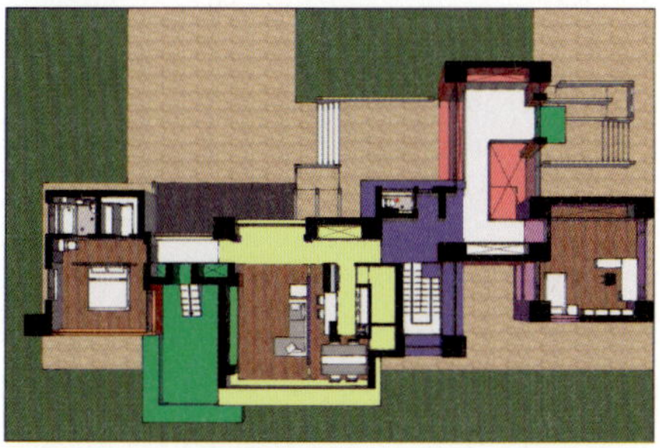

〈그림 4-48〉 2층 평면도

〈그림 4-49〉 실외 투시도

〈그림 4-50〉 단면도 A, B

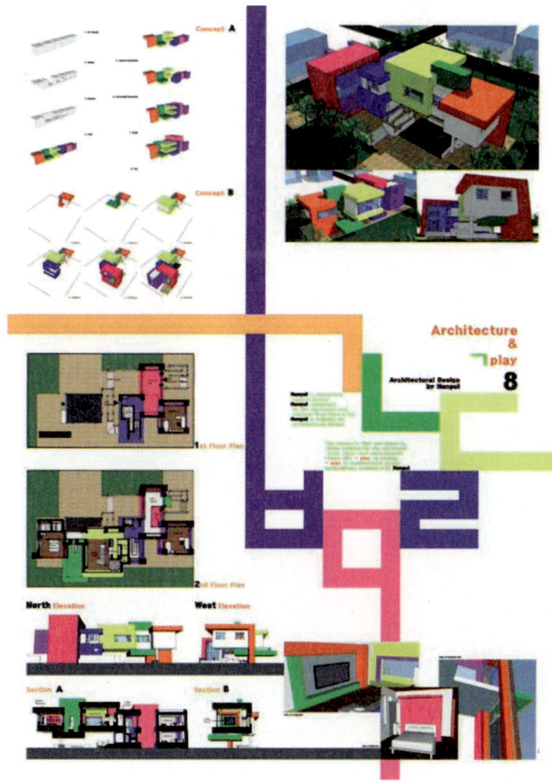

〈그림 4-51〉 여덟 번째 ㄱ놀이의 패널 사진

Concept

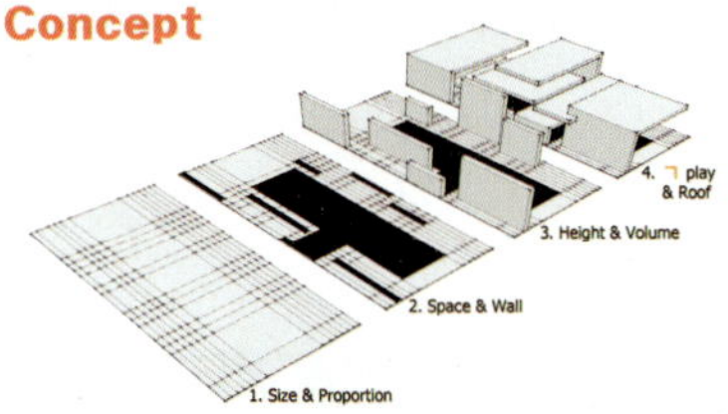

〈그림 4-52〉 개념 모음 1

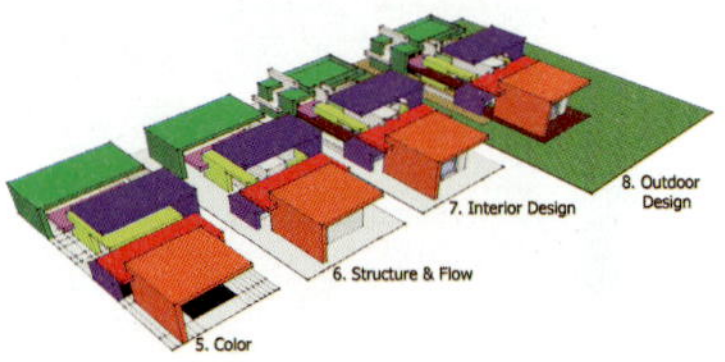

〈그림 4-53〉 개념 모음 2

한글에 의한 건축디자인 아홉 번째 프로젝트이다. 2014년 한국실내디자인학회의 국제초대전에 전시된 작품이다. 한글 자음 중 ㄱ 하나만으로 작업을 대부분 한 작품이다. ㄱ과 ㄱ의 거울에 비친 반대 모습을 토대로 서로 엇갈리면서 만든 작품이다.

우선 실내공간 구역을 설정하고 한글로 표현되는 벽과 실내공간을 둘러싸는 벽을 구분하였다. 즉 한글로 표현되는 벽은 외부에 내부와는 관계없이 서 있는 가벽인 것이다. 지붕은 한글로 표현되는 벽과 함께 덮음으로써 ㄱ이 표현되도록 하였다. 각 ㄱ은 서있는 위치와 높이를 다르게 하였으며, 색 또한 달리 하여 다양한 ㄱ이 내외부에서 인지되도록 하였다.

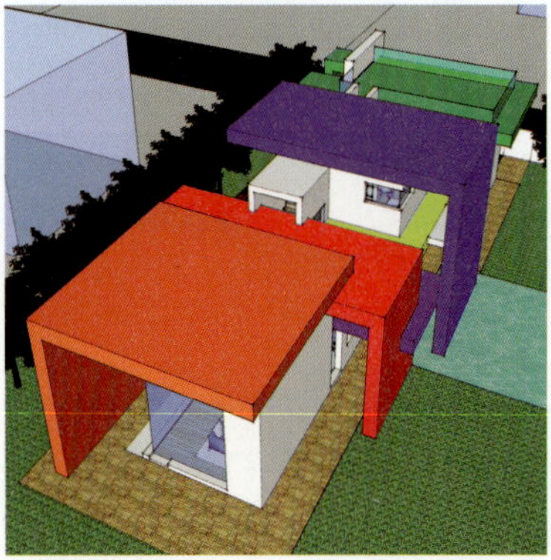

〈그림 4-54〉 실외투시도 1

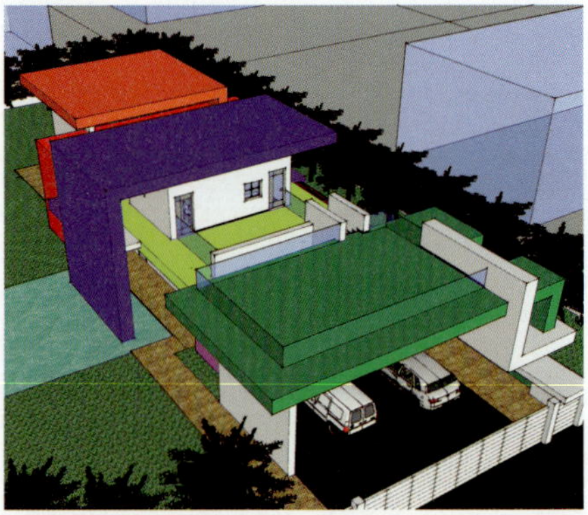

〈그림 4-55〉 실외투시도 2

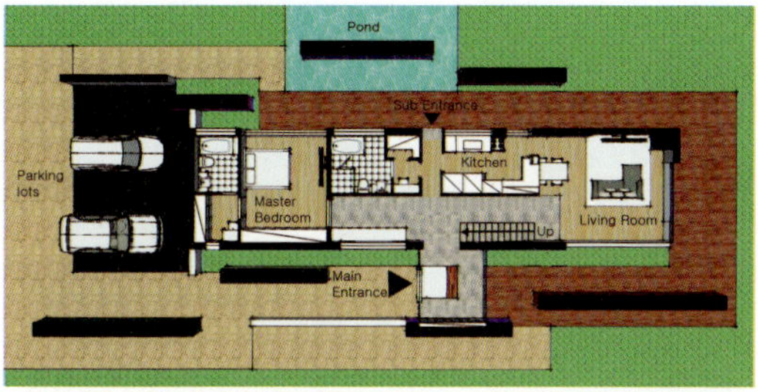

〈그림 4-56〉 1층 평면도

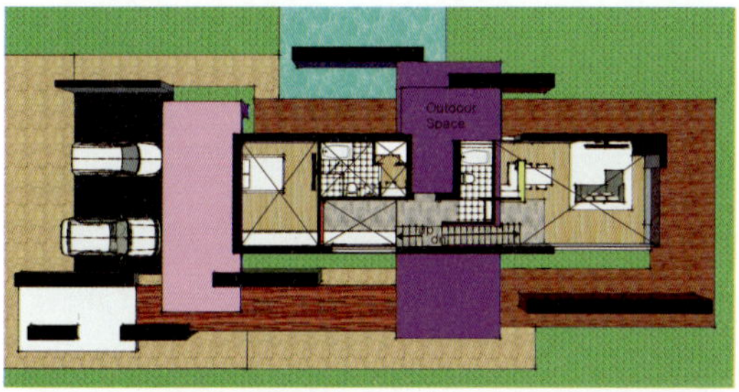

〈그림 4-57〉 2층 평면도

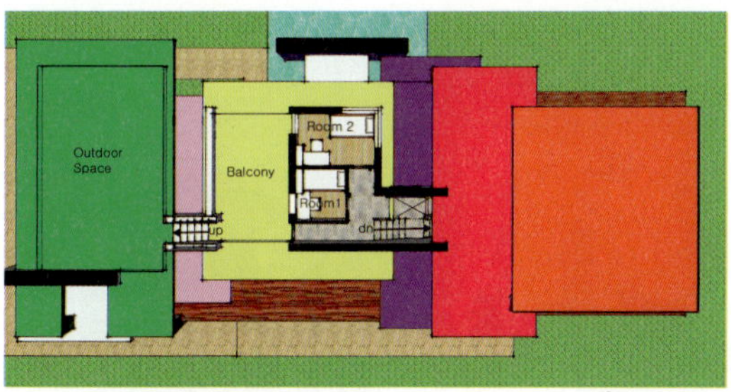

〈그림 4-58〉 3층 평면도

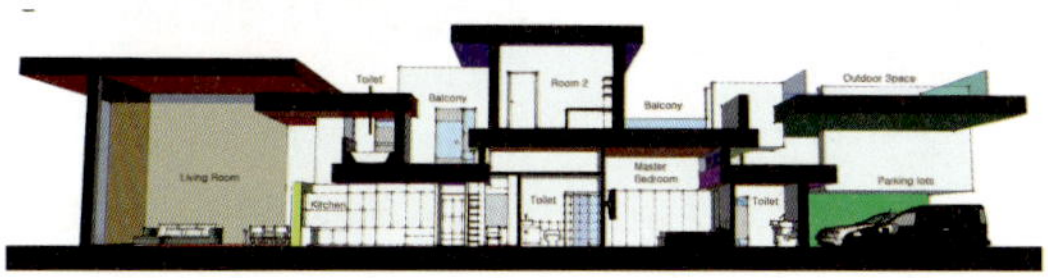

〈그림 4-59〉 단면도

〈그림 4-60〉 실내투시도 1

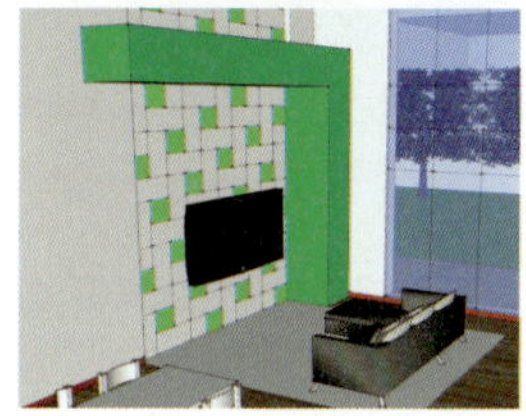

〈그림 4-61〉 실내투시도 2

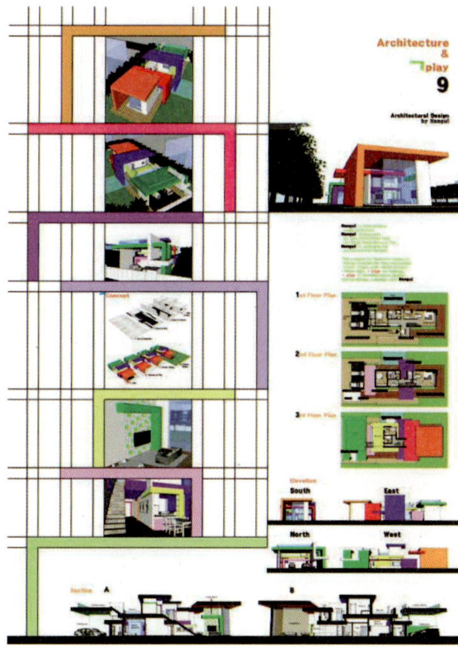

〈그림 4-62〉 아홉 번째 ㄱ놀이의 패널 사진

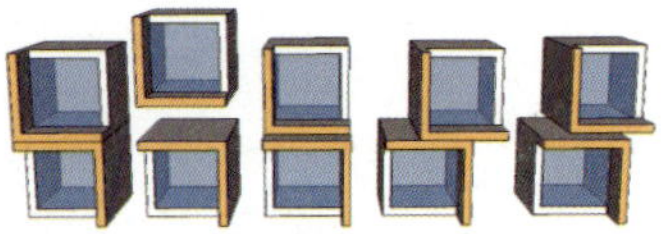

〈그림 4-63〉 한글 자음의 구별을 위한 다양한 수직적 구성방법

한글에 의한 건축디자인 열 번째가 되는 프로젝트이다. 2015년 한국실내디자인학회의 국제초대전에 전시된 작품이다. 작은 오피스 건물로 자음이 수직적인 간격이 없이 쌓은 형태로 디자인되었다. 수직적인 간격 없이 쌓았을 때 자음끼리의 읽히기 어려움을 극복하기 위하여 좌우, 그리고 앞뒤로 이동시켜 차이나도록 하였다.

가장 큰 문제가 수직적 건물에 있어서 일반적으로 바닥 또는 천장이 공유하게 되는 부분이 있는데, 공유하지 않는 부분이 필수적으로 요구되었다. 이에 따라 각 층별로 다양한 공간이 인테리어를 별도로 하지 않더라도 나오게 되며, 각 층별로 개성(identity)이 살아 있는 공간들이 나오게 된다.

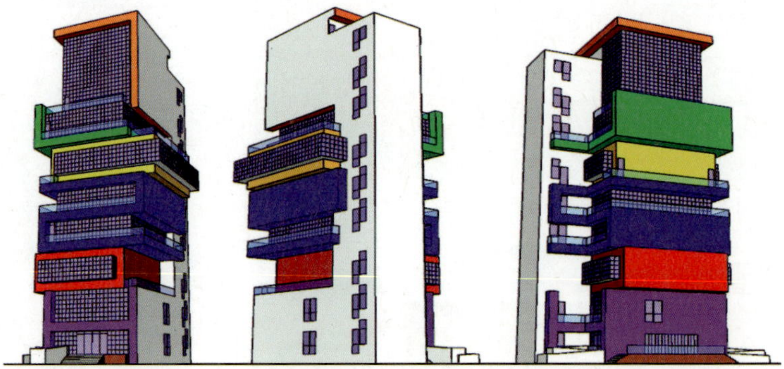

〈그림 4-64〉 외부 투시도

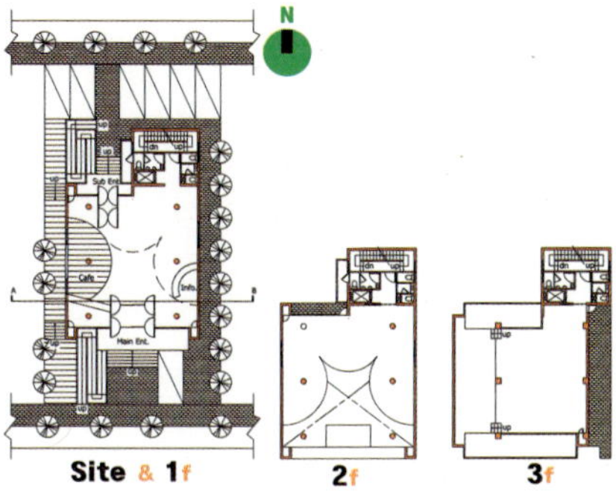

〈그림 4-65〉 배치도 및 1, 2, 3층 평면도

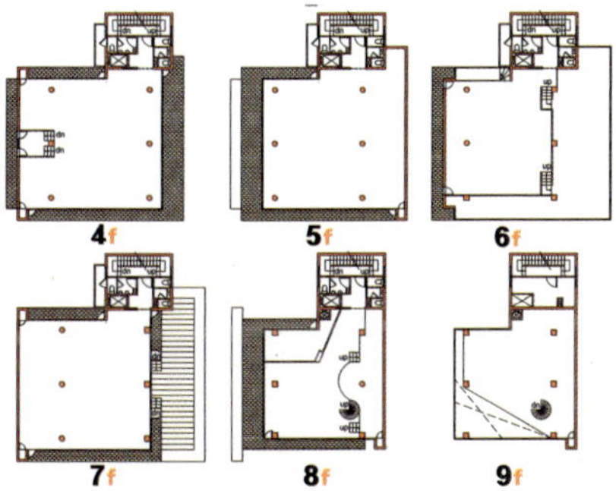

〈그림 4-66〉 4, 5, 6, 7, 8, 9층 평면도

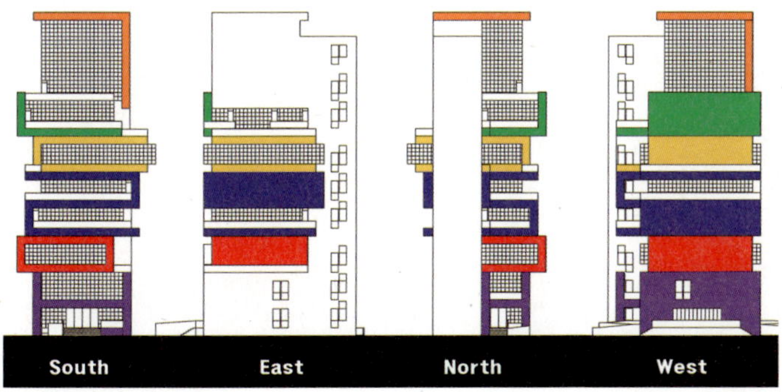

〈그림 4-67〉 입면도

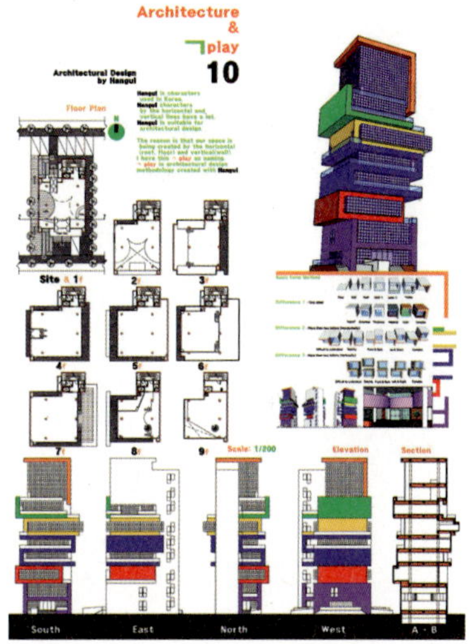

〈그림 4-68〉 패널 사진

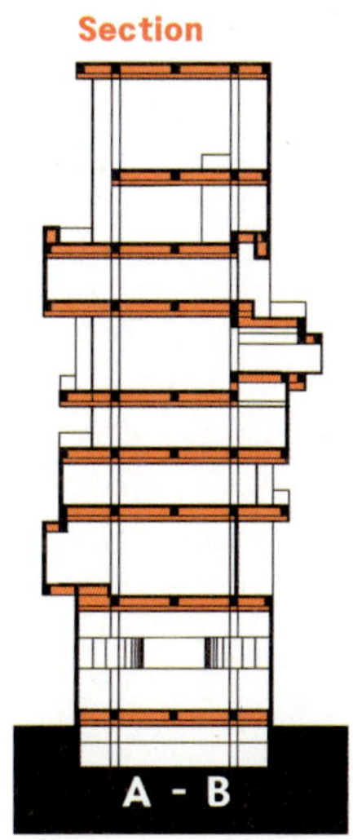

〈그림 4-69〉 단면도

5

ㄱ 놀이 마무리

한글디자인에 의한 건축디자인의 다른 말인 'ㄱ놀이'에 대한 책의 대장정을 마무리하려 한다. 10년도 넘게 연구해 온 내용이었다. 그렇게 오랫동안 연구해야 했나 하고 갸우뚱하실 독자가 있을지 모르겠다. 아무튼 내게는 그랬다. 제일 중요시 했던 점은 ㄱ놀이 방법에 의한 다양한 예를 제시하는 것이었다. 이에 10회의 전시회를 통해서 작품을 내놓은 후가 되어서야 이 책을 정리하는 시기로 보았다.

사실 「건축과 ㄱ놀이」라는 책을 쓰면서 말도 안 되는 아니면 혹시 하면서 기대감을 갖게 하는 다양한 **상상**을 하게 되었다. 이러한 예를 제시하면 다음과 같다.

ㄱ놀이에 의한 건축물들이 많이 늘어나 한국만이 갖는 하나의 **양식**(樣式, style)으로까지 이야기되는 미래를 상상해본다. 우리나라뿐만 아니라 외국인들까지도 우리나라 건축물들을 심층 **연구**하는 계기가 되는 꿈을 꿔본다. ㄱ놀이에 의한 건축물에 대한 다양한 시각의 논문이 대량으로 양산되는 모습을 떠올려 본다. 다양한 사람에 의해 ㄱ놀이에 대해 다양한 시각으로 **토론**하는 시간과 장소들을 떠올려 본다.

그리고 하나의 **마을**에 있는 모든 건축물들이 ㄱ놀이에 의해 디자인되어 있다면 어떤 모습일지 상상해본다. 아니면 다양한 곳에서 지어진 ㄱ놀이에 의한 건축물들에 대한 **답사** 코스가 만들어져서 건축을 전공하는 학생 또는 일반인들의 방문이 이어지는 꿈을 꿔본다. 이로 인해 우리나라 관광사업에 일조하는 기회가 되었으면 하는 생각도 해본다.

또한 ㄱ놀이에 의한 것이 확인된 건축물, 즉 ㄱ놀이에 의해 디자인된 건물들에 대해 **인증**하는 기관이 생길 수 있다는 생각도 해본다. 연구, 인증, 답사 등의 작업을 위한 학회 또는 연구소 등도 만들어지는 모습을 상상한다.

이러한 상상들이 실현 가능하다면 아직도 ㄱ놀이로 인해 내가 할 수 있는 일들이 남아 있는 셈이 된다. 또한 그동안 해왔던 ㄱ놀이에 대한 다양한 예에 대한 제시를 위한 나의 디자인 작업도 계속 되리라 생각한다.

책 마무리는 또 다른 세상의 문을 여는 시작이 될 수 있다는 상상을 해본다.

6

기타 건축작품

601 1999년 작품 / 시간에 비추어진 공간

한국건축가협회에서 주최하는 1999년 '제18회 대한민국건축대전 초대작가전'을 통해 나를 알리고자 했던 첫 번째 작품이다. '처음'이라 내 머리와 가슴 속에서 설렘을 느끼게 하였지만 두려움 역시 불러 일으켜져서 그만큼 많은 부담 속에서 소개했던 작품이다.

우선 기성 전시작품들과는 차별성을 갖고 싶었다. 그래서 이 작품은 오로지 전시를 위한 작품으로 보통 건축가들이 건축설계에 착수할 때 고려되는 많은 요소를 배제하고 모든 것을 가상을 전제로 설계하였다. 대지, 건축주, 기능 등으로 기존에 있는 모든 제한, 사례를 버렸다. 그리고 '삶'을 보여주는 가상의 건축물을 설계해보자는 하나의 목표만을 설정하였다. 건물의 기능은 박물관으로 쉽게 정해졌다.

산다는 것은 우선 미래가 어떻게 펼쳐질지 아무도 모르는 것이라는 측면을 부각시키는 것이 필요하였다. 그렇기 때문에 건물 대부분을 땅 밑으로 감추어 보이지 않도록 하였다. 다만, 출입이 필요하여 1층만을 볼 수 있다. 전시 프로그램은 태어나서부터 죽을 때까지의 삶을 순서대로 보여주는 것으로 설정하였다. 자세한 전시 프로그램과 공간은 다음과 같다.

〈그림 6-1〉 모형 사진 1

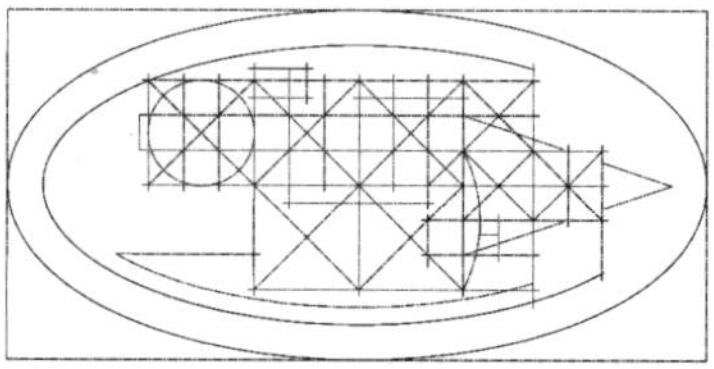

〈그림 6-2〉 공간, 형태와 비례

1) 태어남

입구에서 삶은 시작된다. 보통 아이는 태어나자마자 큰 소리로 울게 된다. 이를 모티브 삼아 거대하고 날카로운 지붕구조를 보여주어 다소 겁에 질리게 하였다. 그러나 부모님의 보호에 의해 지켜지듯이 낮은 벽과 순회형 전시를 1층에 도입하였다. 나이로 따지면 0~7세로 교육기관에 들어가기 전이다.

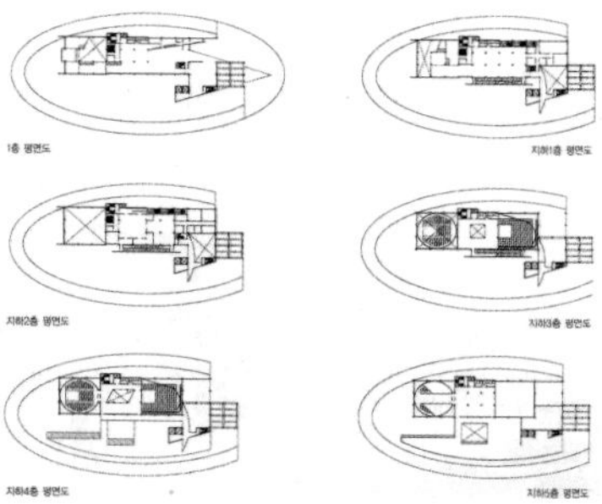

〈그림 6-3〉 각층 평면도

2) 길들여짐

1층에서 지하1층까지 그냥 이끌려 내려간다. 평범한 사람이라면 누구나 왜 하는지도 모르면서 초등학교 때부터 대학입학을 목표로 그냥 공부만 해야 할 시기가 있었다. 전형적인 순회형 전시이며 지루함을 덜기 위해 공간의 크기의 다양성으로 리듬을 부여했다. 나이로 따지면 8~20세이다.

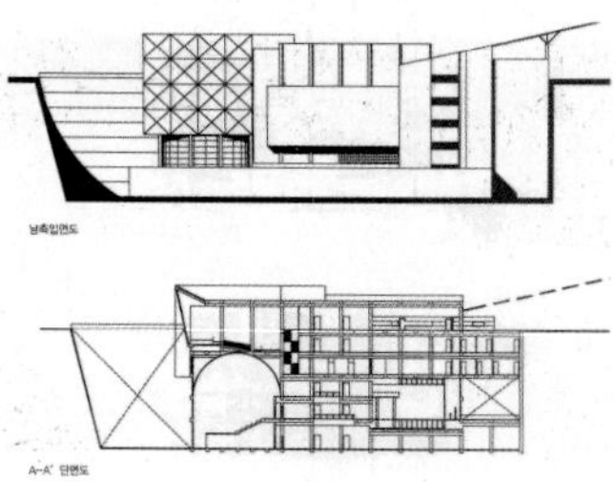

〈그림 6-4〉 입면도와 단면도

3) 선택, 방황

지하2층의 전시공간에 도착하여 다른 공간을 찾아가는 순간 일부 사람들에게는 경악을 금치 못하게 하였다. 선택해야 할 문이 많음에... 그중 어떤 문을 선택하여 들어가 보면 긴 통로 이후에 다시 원래 위치로 오게 된다. 다른 문을 선택해보면 1층으로 연결되어 아예 처음부터 다시 시작하도록 되어 있다. 물론 잘 선택한다면 지하 3층의 전시실로 쉽게 연결된다.

삶이란 그렇다. 길을 선택하면서 어떤 이는 방황하며

다시 돌아오기도 하고, 어떤 이는 방황하지도 않고 순탄한 여정을 갖게 된다. 방황하는 것에 특별한 이유가 있는 경우도 있지만, 아무런 이유 없는 경우도 있으며 아예 선택할 틈도 주어지지 않는 경우도 있다. 어릴 때 나는 빨리 어른이 되게 해달라는 그런 꿈을 꾼 적이 있다. 지금 생각해보면 그것은 정말 꿈이었으며 많은 시간이 필요로 하고 주어진 시간이 지난다면 자동적으로 이루어지는 꿈이었다. 나이로 따지면 20~30 또는 40세이다.

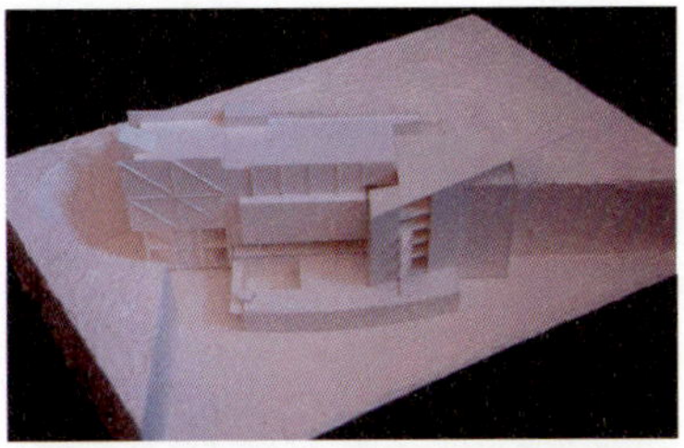

〈그림 6-5〉 모형 사진 2

4) 나만의 것

지하3층의 전시실은 원하는 대로 공간을 만들 수 있도록 되어 있다. 공간을 조작하는 공간이 있고 그곳에서 커다란 공간을 보게 된다. 조작에 따라 커다란 공간의 천장이 낮아지거나 높아지며, 벽들이 높게 또는 낮게, 길게 구축될 수 있다. 개구부도 자유롭게 만들 수 있으며 햇빛이 들어오도록 할 수 있고, 비 또는 눈을 가득 채울 수 있다.

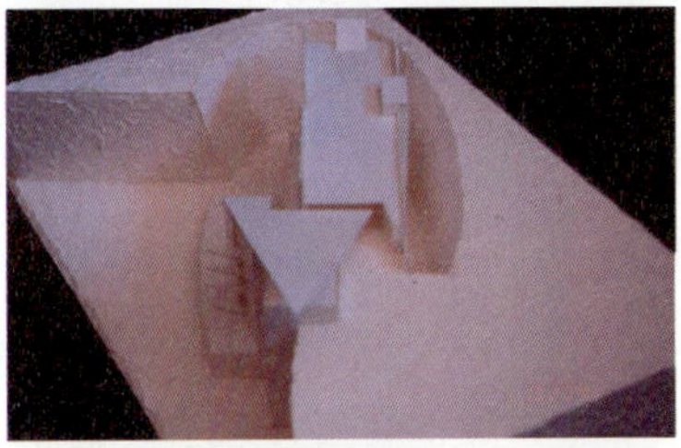

〈그림 6-6〉 모형 사진 3

이 공간들의 의미는 나 또는 나만의 것을 만들기 위해 부단히 노력하는 그런 시기를 필요로 한다는 것이다. 어떤 사람은 나를 이렇게 만든 것이 내가 아니라며 나를 부정하고 환경이 나를 그렇게 만들었다고 핑계를 대곤 한다. 내가 객체가 아닌 주체가 되어 살아야 한다는 의미를 담은 공간이다. 나이로 따지면 빠르면 30세부터 늦으면 50세이다.

〈그림 6-7〉 모형 사진 4

5) 운명, 답

지하4층으로 들어가서 지하5층으로 나오는 영상전시실

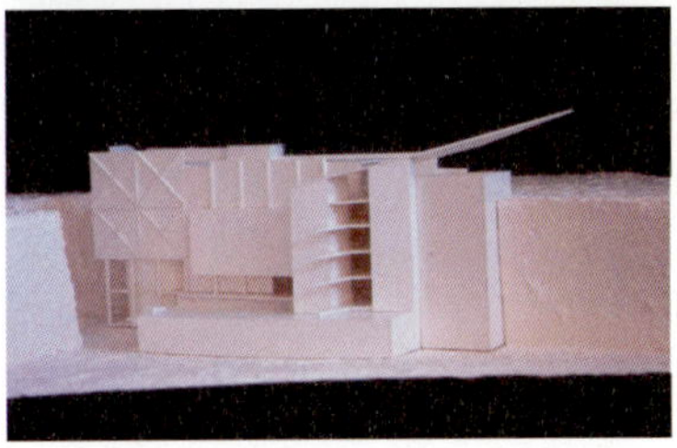

〈그림 6-8〉 모형 사진 5

〈그림 6-9〉 전시 부스

이다. 삶이란 무엇인지 알도록 해주는 영상물을 보여준다. 나이 50이면 삶을 안다는 의미의 지천명(知天命)이라 한다. 태어나면서 누구나 문제를 안고 그 문제를 풀며 살아왔다. 그 문제의 답은 그 전의 시기에는 알 수 없었으며 다만, 조금씩 실마리가 주어졌다. 이제 그 답을 그나마 알게 되는 시기인 것이다. 나이로 따지면 40~60세이다.

6) 죽음, 사랑

영상전시실을 나오면 지하5층이 되며, 엘리베이터를 타고 지상1층으로 오르는 순간 엘리베이터 창문을 통해 건물의 실체를 그동안 못 봤는데 이제야 보게 된다. 죽을 때면 짧은 필름처럼 순식간에 살아왔던 모든 날들이 회상된다는 어느 영화의 장면을 의식한 결과이다. 때문에 코어가 전시공간과 떨어져 외관을 볼 수 있는 위치가 되어야 하는 이유였다.

지상1층의 일부 공간은 휴식 및 카페공간이다. 내가 언젠가 죽는 때를 안다면 죽기 이전의 시간 동안 무엇을 할 것인가 고민해 보았다. 나라면 그간 만났던 친구들을 다시 하나하나 찾아 만나는 시간들로 보낼 것 같다. 내가 방황하거나 갈등할 때 힘이 되어준 것이 사랑이며, 행복할 때가 바로 누군가를 사랑할 수 있을 때였음을 아는 듯이 말이다.

건축적으로는 수평적으로 넓고 좁은 공간들과 수직적으로 높고 낮은 공간들, 그리고 이를 조합하여 다양한 크고 작은 공간들을 경험할 수 있도록 실험을 한 작품이었다.

602 2000년 작품 / 택원원(宅願圓)

2000년에 한국건축가협회의 제19회 대한민국건축대전 초대작가전에 전시된 작품이다.

단독주거가 아닌 공동주거에 있어서 가장 중요하게 다루는 문제는 나와 남과의 관계를 어떻게 조성하겠는가, 즉 공공공간의 설계이다. 따라서 이웃과 함께 공유할 수 있는 마당, 마루, 모임 공간 등을 주로 답안으로 제시하는 예가 많다.

그러나 나는 공공공간만 주어진다고 해서 문제가 해결되는 것은 아니라고 보았다. 그보다 **내가 변해야 한다.** 즉 내가 먼저 남과 관계를 잘 조성하겠다는 마음가짐 또는 태도가 있다면, 어떠한 공간이 주어지든 그 관계는 원활할 것으로 보았다.

이 작품의 포인트는 **'원(圓)'이다. 이 원은 남이 아닌 바로 나 자신을 변화시킬 공간 또는 형태로써 사용**된 것이다. 우선 원은 사각형에 비해 중심을 찾기가 수월하다. 원이라는 형태 안에서 중심을 쉽게 찾을 수 있다는 것은 **내가 우주의 중심에 위치한다는** 것을 간접적으로나마 인지하도록 하는 것이 포인트다. 남이 변하기를 기다리는 것이 아니라 내가 변해야 한다는 것이다. 두 번째로 **무소유, 비움**이다. 사각형의 공간에 가구를 쉽게 놓을 수 있으나, 원형의 공간에는 그리 쉽지 않다. 원형에 맞는 가구도 그리 많지 않거니와 원형의 공간은 비워야 멋이 나는 공간이다.

〈그림 6-10〉 패널과 모형

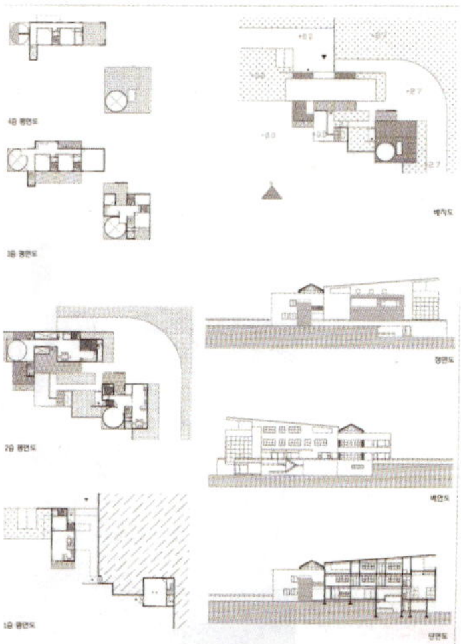

〈그림 6-11〉 도면 모음

이러한 내 자신의 소유욕을 적게 함으로써 남에 대한 배려의 태도 또는 행위를 했으면 하는 것이 나의 바람이다. 이 두 가지가 원이라는 형태를 주택에 도입하려는 이유이며 원을 원하는 집, 즉 택원원(宅願圓)은 사람이 객체가 아닌 주체가 되고 다른 사람들을 배려하는 마음과 행위를 하고자 하는 사람들이 머물기를 바라는 주택인 것이다.

그 외에 나와 이웃과의 관계에서 고려된 측면은 2가지다. 첫째로 타 주거로 향한 마루이며, 둘째로는 어느 주거에서도 살펴볼 수 있는 계단과 중정의 위치이다. 타 주거인과의 만남의 기회 증가와 더불어 각 주거로 들어가기 직전까지의 행위를 서로가 인식하도록 함으로써 서로를 간접적으로나마 알 수 있도록 하였다. 즉 배치구조상 동선의 용이함을 위해서는 북쪽에 계단을 둘 수도 있었으나 중앙에 위치함으로써 각각 주거로부터 지켜볼 수 있게 하였다.

〈그림 6-12〉 모형 사진

603 2001년 작품 / 기울임의 미학

2001년에 한국건축가협회의 제20회 대한민국건축대전 초대작가전에 전시된 작품이다.

2001년 1월에 내가 있는 학교에서 그 당시 4학년 학생들을 대상으로 조그마한 워크숍을 실시하였다. 7명의 학생이 수강하였고, 1주에 1번씩 총 5회의 모임을 가졌다. 워크숍을 하게 된 동기는 학생들에게 건축에 있어서도 의상디자인처럼 다양한 겉옷이 가능하다는 것을 알도록 하는 것에 있다. 대부분 학생들이 과제가 주어지면 공간 프로그램을 설정하고, 각 기능의 공간들을 배치한 후 단순히 벽을 수직적으로 올림 또는 단순한 매스형태의 변화로 외관형태를 확정짓곤 하였다. 이러한 측면들은 내게 더 나은 교육방법을 찾도록 하였다. 즉 본 워크숍은 프로그램과 공간배치가 확정된 이후에도 **다양한 외관형태에 대한 실험**이 가능하다는 것을 확인하는 것에 그 의의가 있다.

건물의 용도는 '현대조각미술관'으로 정했는데, 그 이유는 학생들이 3학년 때 미술관을 배운 경험들이 있었고, 회화가 아닌 '조각'을 택함으로써 빛에 대해 차단하기 마련인 미술관의 디자인 제한 폭을 넓혀주었다. '현대'라는 측면에서 보다 다양한 형태의 전시공간을 갖도록 유도하였다. 볼륨은 가로 90m, 세로 12m, 높이 15m로

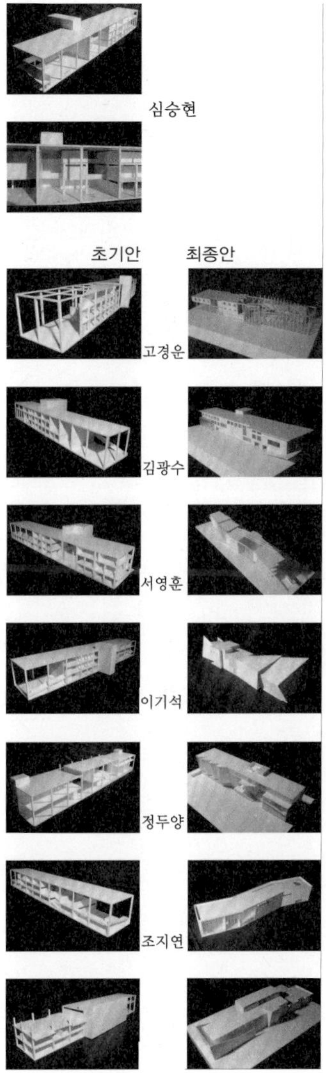

〈그림 6-13〉 나의 초기안과 학생 작품들

1차적 제한하였으며, 약 10% 범위 내에서 크기 변화를 가능하게 하였다. 프로그램은 특별한 하자가 없는 한 쉽게 확정짓도록 도와주었다.

이 워크숍은 학생들만 참여한 것은 아니었다. 학생들의 참여 이전에 교수인 내가 직접 설계하고, 모형을 직접 만들어 봄으로써 워크숍 진행과 지도방법을 찾아내고자 하였다.

그 과정을 소개하면, 우선 설계를 통해 각 공간 프로그램과 공간 배치를 거의 확정짓도록 하였다. 그후 1차 모형을 제작하였다. 1차 모형은 우선 공간들을 확인하고, 형태 변화의 가능성을 모색할 수 있도록 하는 것에 주안점을 두었다. 1/100로 만들고, 외벽은 제외되며 기둥, 바닥판, 코어가 주가 된다. 내벽은 천장마감을 하지 않은 높이로 하여 천장과 약간씩 띄워 각 공간들의 관계를 한눈에 확인할 수 있도록 하였다. 이후 2차, 최종 모형을 제작하여 워크숍을 마무리지었다. 학생들이 처음엔 본인이 제시한 모형과 유사하게 설계하였으나 최종 모형에서는 많은 변화를 볼 수 있어 워크숍을 실시한 성과를 볼 수 있었다.

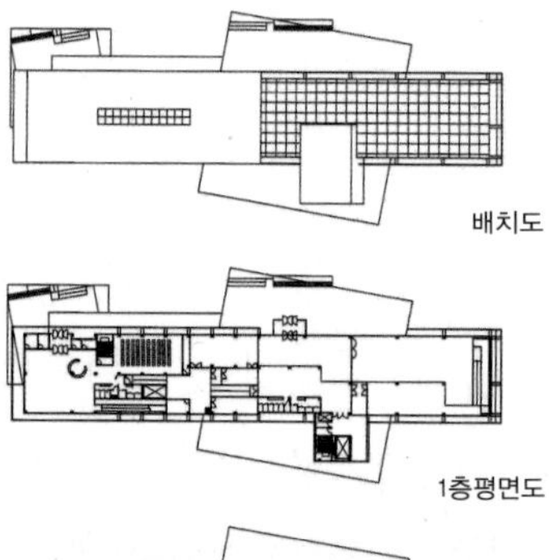

〈그림 6-14〉 도면 모음

필자는 1999년부터 대한민국 초대작가전에 작품을 제출하면서 각 작품마다 보여지는 공통적인 특징이 있다. 그것은 지붕을 기울이는 것이다. 그 당시에 특별한 이유가 있었던 것은 아니다. 형태에 쉽게 변화를 줄 수 있는 방법으로써 기울임을 선택했던 것이다. 이 기울임을 이번 작품을 통하여 본격적으로 실험하고자 하였다. 그러나 자유분방한 기울임은 내 취향이 아니다. 개인적으로 데스틸을 좋아한다. 즉 수평, 수직, 그리고 45도에 의한 제한된 사선에 의한 작품들을 좋아한다. 그래서 직각이 유지된 직육면체 또는 정사각형을 기울이는 제한적 실험을 하였다. 각도에 있어서는 여러 번의 스케치를 통해 10도의 기울임을 찾아냈으며, 이를 반복적으로 사용하였다.

실험은 X방향으로 긴 매스의 기울임, Z방향으로 긴 매스의 기울임, 평면적 매스의 기울임이다. 그리고 기울임에 의해 두 매스의 미묘한 교차에 의해 열리고 닫힌 모습을 볼 수 있도록 하며, 두 매스를 투명과 불투명이라는 대비를 갖도록 하였다.

〈그림 6-15〉 전시 부스

〈그림 6-16〉 모형 사진

604 2002년 작품 / 직각 지우기

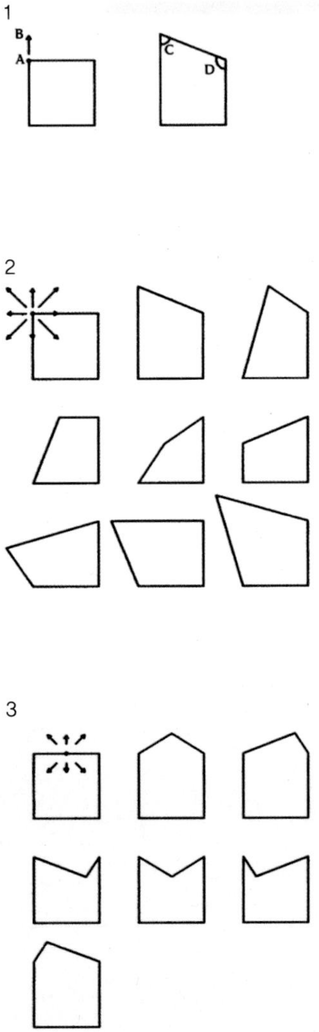

〈그림 6-17〉 개념 모음

2002년에 한국건축가협회의 제21회 대한민국건축대전 초대작가전에 전시된 작품이다.

직각은 사람의 직립성과 만유인력이 있기에 더 중요시 여기게 된다. 건축은 거대한 돌을 직각으로 세우는 것에서 시작했기에 직각이 사람에게 미친 시간을 예측하면 한참을 거슬러 올라간다. 또한 질서를 추구하는 동물은 사람뿐이므로 직각은 사람에게 보다 더 친근감이 있다.

디자인 도구로서 직각은 다른 각에 비해 쉽게 사용 가능하다. 일반적인 책, 가구 등이 거의 직각이며, 직각이 아닌 물건들은 사각박스로 포장함에 직각이 적층에 용이함을 알 수 있다.

직각을 지우는 이유는 새로운 것을 갈망하는 사람의 본능에 있다. 물론 이에 의해서만이 새로운 것을 만들 수 있다는 것은 아니다. 다만, 직각 지우기는 설계할 때 늘 직각에서 허우적거리는 조금이라도 벗어나고자 하는 나의 자그마한 노력이다. 직각을 이루는 사각형을 기본으로 한다.

직각 지우기 방법은 여러 가지가 있으나 '점 이동'에 의한다. 그리고 모든 직각을 지우고자 하는 극단적으로 시도하는 것은 나와는 멀다.

〈그림 6-17〉의 1번에서 보듯이 점 A를 점 B로 이동시키면 각 C와 각 D로 변화된다. 즉 하나의 점 변화로 2개

이상의 각에 영향을 줄 수 있음을 볼 수 있다. 2번은 모서리 점을 8개 방향으로 이동시킴에 따라 변화되는 형태를 보여준다. 3번은 선 중앙에 이동할 점을 추가하여 이동시킴에 따라 나타나는 예를 보여준다. 이를 이용 수평적, 수직적, 입체적으로 적용한다. 이는 입면 형태에만 영향을 주는 것이 아니라 공간에도 영향을 준다. 전면공간의 수직적 확장 공간, 후면공간의 중앙에서 분리된 공간, 그리고 각 층의 공간변화를 볼 수 있다. 우측면도를 보면 2번의 8번째와 같은 형태를 볼 수 있다.

이는 도로사선제한이라는 건축법규를 생각한다면 하나의 층에 의한 공간을 가지지 못하는 추악한 디자인일 수 있다. 게다가 도심 한복판이기에 그 공간은 더욱 아쉽게 느껴질 것이다. 그러나 도시민들에게 시각적 즐거움을 주며, 독창적인 형태에 의한 수익성 또한 무시할 수 없기에 적용하였다.

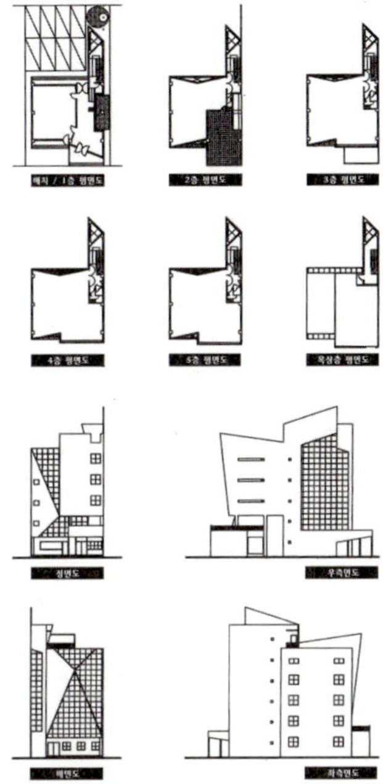

〈그림 6-18〉 도면 모음

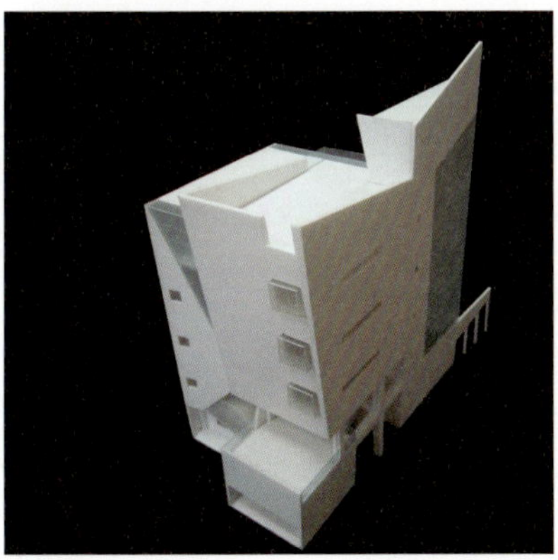

〈그림 6-19〉 모형 사진

〈그림 6-20〉 전시 부스

605 2003년 작품 / 기억 그리고 우리와 나

〈그림 6-21〉 현황조사 내용

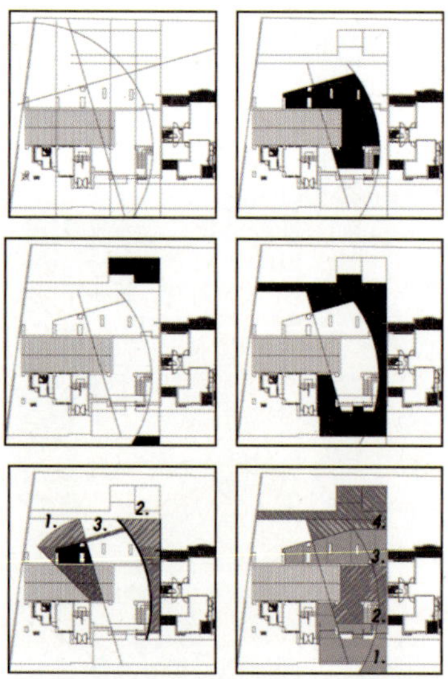
〈그림 6-22〉 개념 모음

2003년에 한국건축가협회의 제22회 대한민국건축대전 초대작가전에 전시된 작품이다.

공동주거에 있어서 세대가 모여 있다 해도 '우리'에 대한 관심은 너무나도 미약하다. 대문에서 공동현관으로, 각 현관으로 여러 위계의 공간이 존재하여 만날 수 있음에도 정이 쌓일 공간과 시간은 그리 많지 않은 것이 그 이유로 보인다. 또한 나에 대한 관심이 있다하나 정말 진실한 나에 대한 관심은 역시 부족하다. 텔레비전, 인터넷 등 홍수와 같이 밀려오는 정보와 영상, 소리에 정신없이 지내다보면, 정작 내가 서있는 곳은 어디이며, 올바른 길로 가고 있는가에 대한 자아성찰은 요원하다. 본 프로젝트는 공동주거에 있어서 기능상 제약 때문에 미묘하게 남아 있는 공간에 '우리'와 '나'라는 문제를 풀고자 하였다. 즉 지하주차장의 경사로와 지하로의 접근을 위한 계단 때문에 비정형으로 남아 버려진 공간이 대상이다.

필로티로 비어진 이 공간은 그늘이 지며 밝은 정원이 화계(花階)와 같은 느낌이 있다. 공간으로 채워짐에 따라 비어짐이 훼손될 이 공간을 부분적이나마 기억할 수 있도록 남기고 싶었다. 그래서 사선의 긴 벽과 나무재질의 바닥의 연장으로 그곳을 집중하게 하고, 그 방향의 벽을 투명한 유리로 만들고, 낮은 지붕으로 처리하여 지붕 위쪽으로 일부 필로티를 남겼다. 또한 부출입구로 순환체계를 만들어 정체된 공간을 적극적으로 이용케 하였다.

"우리"라는 문제는 주민이 함께 공유할 수 있는 기능을 찾아 적극적으로 도입하는 것으로 해결했다. 다목적 공간, 어린이도서실, 자전거보관실이다. 특히 어린이도서관은 자연 속에 남겨진 공간처럼 느끼도록 필로티 공간 밖으로 일부 조성하여 공간을 만들고, 가급적 유리로 벽면 처리하여 빛이 가득 들어오게 하였다.

"나"라는 문제는 '한 그루의 나무'와 나무를 둘러싼 벽으로 해결하였다. 이곳은 조경이 너무도 잘 되어 있다. 그러나 많은 나무가 아니라 한 그루의 나무만이 필요했다. 영화 또는 소설 등에서 보면 동산의 한 그루 나무는 주인공과 대화할 수 있는 토대가 될 수 있음을 보여주고 있다. 따라서 주변엔 다른 시각적 요소를 건축적으로 배재하고 오로지 한 그루의 나무에 집중하게 하여, 그 나무로 인해 자기자신과의 대화를 시도할 수 있게 한 것이 포인트다. 이 나무는 자연을 도입하는 의미가 아니며, 도도함에 의해 아름답게만 느껴지는 시각적 대상이 아니라 적극적으로 사람과 대화하기 위한 객체로서의 위치에 서 있는 사람을 위한 나무인 것이다.

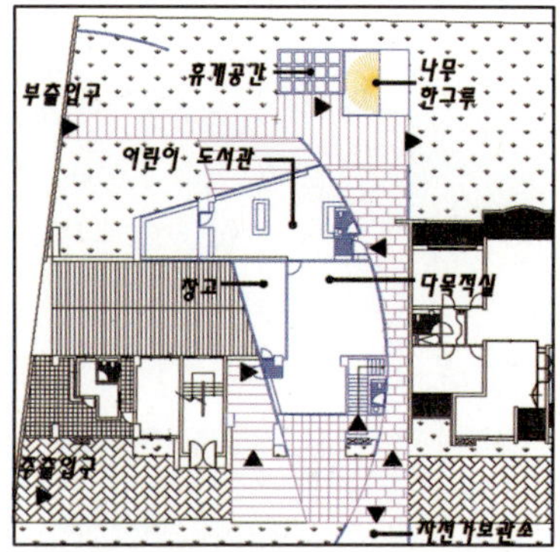

〈그림 6-23〉 평면도

〈그림 6-24〉 투시도

〈그림 6-25〉 전시 부스

606 2004년 작품 / 원점(原點)

〈그림 6-26〉 은사님 댁 사진

〈그림 6-27〉 초기안 입면 스케치

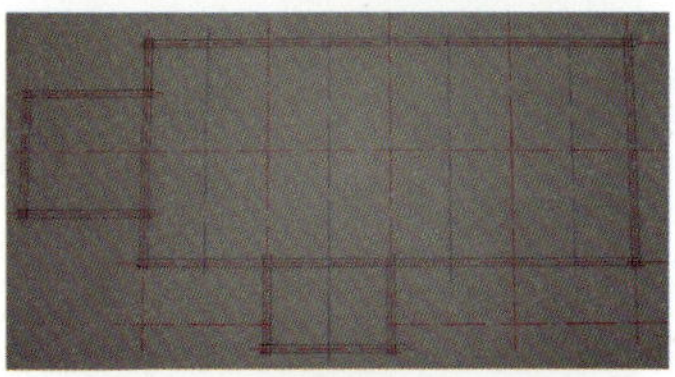

〈그림 6-28〉 초기안 평면 스케치

〈그림 6-29〉 조치원댁 이미지 패널

2004년에 한국건축가협회의 제23회 대한민국건축대전 초대작가전에 전시된 작품이다.

예전 학생시절의 얘기를 하고자 한다. 대학원 석사과정을 마치고 박사과정에 들어가기 전에 6개월 정도의 시간이 있었다. 그때 나의 스승이신 강건희 은사님께서 내게 설계해보라며 주신 프로젝트가 있었다. 강건희 은사님께는 조치원에 댁이 있는데(그림 6-26), 그 대지 내에 약 100평 내외의 은사님 자신의 작품들을 전시할 전시관을 설계하는 일이었다.

그 프로젝트는 설계과정 중 중단되어 사장되었다.(그림 6-27, 6-28) 어떻게 중단되었는지 기억이 잘 나지 않으나 다른 프로젝트에 밀려 잊혀진 듯 싶다. 그 후 나는 1997년에 박사과정을 마치고 그 분께 지도받은 박사 1호가 되었다.

강건희 은사님께서는 환갑이셨던 1999년에 조치원 댁에서 이벤트(그림 6-29)를 벌이셨다. 많은 손님이 내방하였으며, 그 분은 땅, 돌, 나무, 꽃, 조형물들로 비례, 색, 의미 등의 다양한 디자인을 하셨다. 매번 말씀하시던 토털 디자이너(Total Designer)로서의 면모를 확실하게 보여주신 것이다. 그때 빠진 것이 있다면 바로 전시관이다. 만약 1992년에 내가 디자인하던 전시관이 잘되어 실행되었더라면 하는 상상이 늘 내 머릿 속에, 가슴 속에 남았다.

그 당시 이미지를 참고하라며 보여주신 것이 있다. 사선의 지붕선에 의한 작품이다. 이 당시의 작업과정을 되돌아보면 내게 상당한 영향을 끼쳤다고 할 수 있다. 즉 나의 일련의 작품 속에는 사선을 탐구한 예가 많다. 이 프로젝트는 2004년 정년퇴임기념으로 그 분을 돌아보면서 나의 모습을 보는 의미가 담겨져 있다. 즉 나의 미래를 위해 원위치로 돌아와서 다시 생각해보는 것이다.

이 작품은 3, 5, 8, 12 등의 숫자를 이용한 비례가 많이 담겼다. 그 이유는 은사님의 작품 속에서 보여졌던 가장 중요한 디자인기법 중 하나이기 때문이다. 평면 형태는 그 분의 작품인 백마고지 기념관(그림 6-30)에서 보여진 이미지를 차용했다. 창문의 일부분 디자인은 방이동 한상빌딩(그림 6-31)이다. 그리고 그 분이 디자인했지만 실행에는 못 옮기셨던 것으로 내가 기억하는 것(그림 6-32, 6-33)이 있다. 이는 아마도 환경조형물로써 작업한 것이다. 버려졌던 것을 내가 간직하고 있었는데, 이를 응용하여 담장에 표현하였다.

하지만 이 작품은 그분의 디자인을 전적으로 닮고자하며 나의 디자인을 죽인 것은 아니다. 즉 그분께 배운 나의 디자인으로 작업한 것이며, 사선에 대한 실험을 여기서도 시도하였다. 형태뿐만 아니라 작은 건물에 공간의 다양함도 담았다.

길을 따라 들어서기 ▶ 둘러싸인 외부공간 만나기 ▶

〈그림 6-30〉 백마고지 부대시설 디자인 판넬

〈그림 6-31〉 한상빌딩

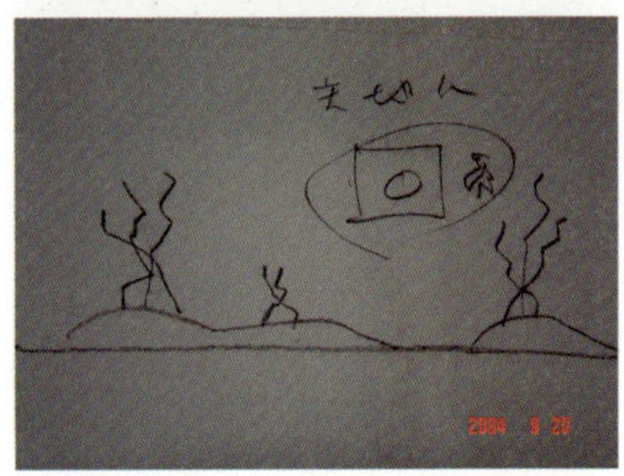

〈그림 6-32〉 강건희 은사님 환경조형물 스케치 사진 1

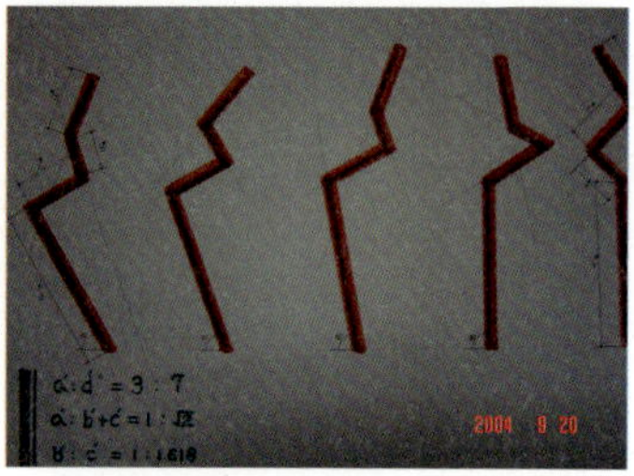

〈그림 6-33〉 강건희 은사님 환경 조형물 스케치 사진 2

〈그림 6-34〉 유럽여행 시 은사님의 뒷모습 사진

〈그림 6-35〉 모형 사진 1

건물 내로 들어서기 ▶ 낮은 천장의 공간 만나기 ▶ 높게 터지고 지붕이 경사진 공간 만나기 ▶ 큰 공간을 바라보며 계단 통해 올라가기 ▶ 2층에서 풍경과 지붕 너머 교수님 댁 바라보기 ▶ 다시 내려오기 ▶ 낮은 공간을 통해 외부로 나가기 ▶ 담장따라 거닐며 호수 풍경 바라보기

2004년 8월 그분은 정년퇴임하셨다. 흔한 퇴임식도 마다하셨다. 40년 동안 홍익대학교에 재직하면서 후학들을 길러내시고 이제 다시 시작하셨다. 생 80을 위해서.

이 프로젝트를 할 당시에 그분께 지도받은 것이 아니며, 이 프로젝트를 전시하기 전까지 그분은 제자가 이런 일로 전시하리라는 것을 모르고 계셨다. 내게는 정년퇴임을 맞는 그분께 드리는 깜짝 선물과 같은 것이었다. 전시장에서 처음 이 작품을 보셨다. 이 프로젝트는 아직껏 실현되지 않았다.

1988년 여름에 나는 강건희 은사님과 유럽여행을 간 적이 있다. 그 당시 사진을 정리하다가 사진(그림 6-34) 하나를 찾아냈다. 전시물을 바라보며 다른 문으로 향해 가는 강건희 은사님의 뒷모습을 내가 찍은 사진이다. 이제 강건희 은사님은 어디를 향해 걸어가시며, 그 뒤를 따르는 내 모습은 어떤 모습이 될지 자못 궁금해진다. 이 프로젝트는 강건희 은사님의 수많은 제자 중 한 사람으로서 오래오래 건강하시고 행복하게 사시기를 기원하면서 정년퇴임을 맞는 시기에 그분께 바치고자 한 작품 디자인이다.

〈그림 6-36〉 전시 부스

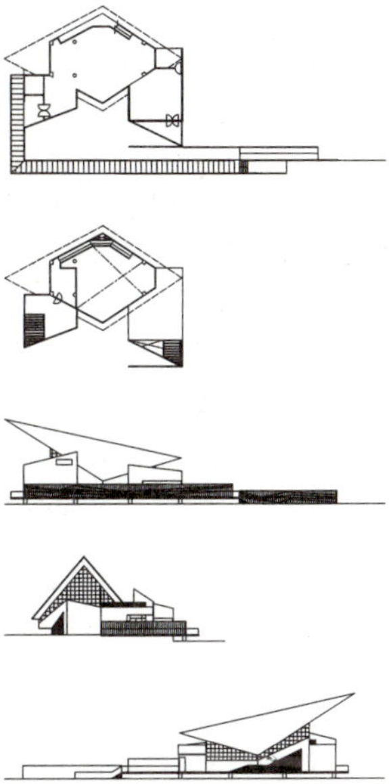

〈그림 6-37〉 도면 모음

〈그림 6-38〉 전시 부스 안의 모형 모습

〈그림 6-39〉 모형 사진 2

〈그림 6-40〉 모형 사진 3

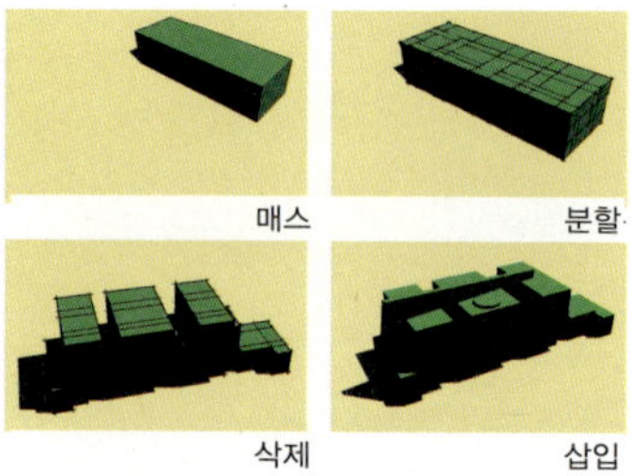

〈그림 6-41〉 형태 구성

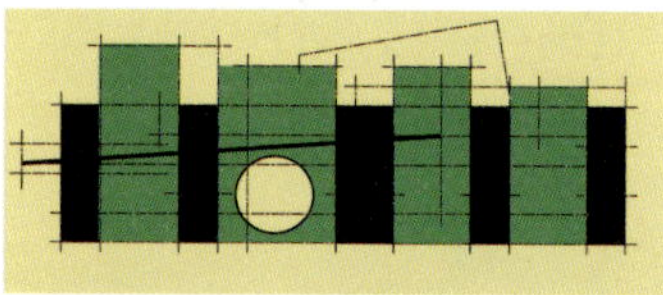
〈그림 6-42〉 비례

〈그림 6-43〉 사선과 원

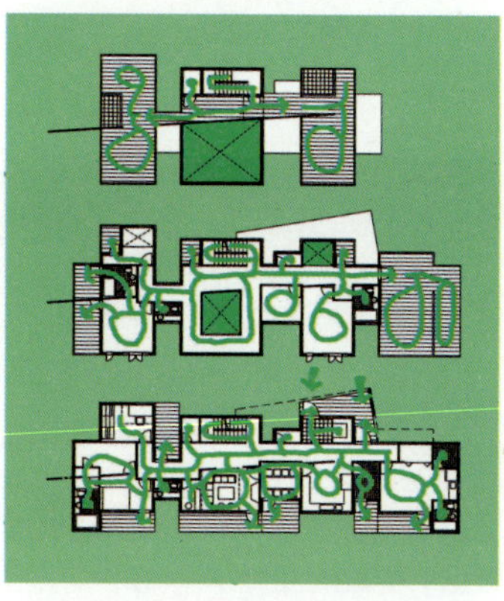
〈그림 6-44〉 동선 및 보이드

607 2005년 작품 / 기하학, 비움 그리고 건축

2005년에 한국건축가협회의 제24회 대한민국건축대전 초대작가전에 전시된 작품이다.

이 작품에서 예전의 작품과 크게 다른 점을 찾는다면 **비례의 다양한 사용**이다. 같은 직사각형처럼 보이지만 각기 다른 직사각형의 비례를 사용했다. 매스의 분할을 적용함에 있어 기본적으로 늘 쓰던 홀수에서 짝수로 변화를 해보았다. 하지만 각 매스의 높이를 보면 여전히 홀수가 두드러짐을 볼 수 있다. 내 틀을 벗어나려 시도하였지만 그리 크게 벗어나지 못했다. 비움에 있어 세 가지 측면이 고려되었다. 우선 우리나라 전통가옥의 **처마 공간의 비움**이다. 두 번째는 천창에 대한 **높이를 배려한 비움**이며, 마지막으로 옥외공간에서 벽의 높이가 사람의 키를 훌쩍 넘고 있음에 의한 **폐쇄적 외부의 비움**이다.

이 작품은 어느 화가의 주택으로써 전시장으로도 변화 가능한 건물이다. 따라서 비움은 전시장 역할로서 중요하다. 높은 천장의 공간은 큰 그림의 전시를 가능하게 해주며, 외부공간의 벽은 전시공간의 확장이 가능하도록 하기 위한 장치이다. 이러한 비운 공간들을 연속적인 동선 상에 놓이도록 함으로써 전시공간의 기능을 충족시켰다. 외부공간의 사람 키를 훌쩍 넘는 벽들과 매스의 분할은 **외관의 비례에 변화**를 주게 되었다. 주택의 스케일이 아니라 전시장의 스케일로 보이도록 한다.

여기에 덧붙인 것이 **사선의 벽의 공간**이다. 이 벽의 삽입으로 인해 직각이 아닌 공간을 만들어준다. 이 공간에는 일반적 가구가 배치되기 힘들어 대체로 비울 수밖에 없는 벽면이 된다. 벽 자체로 남아 있음은 실내에서 비움을 보다 절실히 느낄 수 있을 것이다.

또한 **중심을 느낄 수 있는 원의 사용**은 필자의 예전 작품 속에 가장 두드러졌던 부분이다. 그 당시의 작품은 원으로 돌아가는 벽을 사용한 것이므로 여기서 천창에만의 원은 다소 약하다고 느낄 수 있다. 하지만 1층에서 3층까지 뚫린 시각적 거리로 인해 한눈에 원을 인지할 수 있으므로 상징했던 의미는 그 당시와 같다.

〈그림 6-45〉 외부공간

〈그림 6-46〉 모형 사진 1

〈그림 6-47〉 모형 사진 2

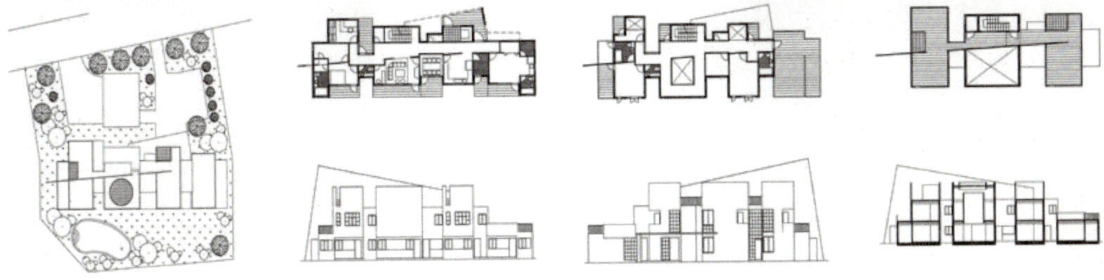

〈그림 6-48〉 도면 모음

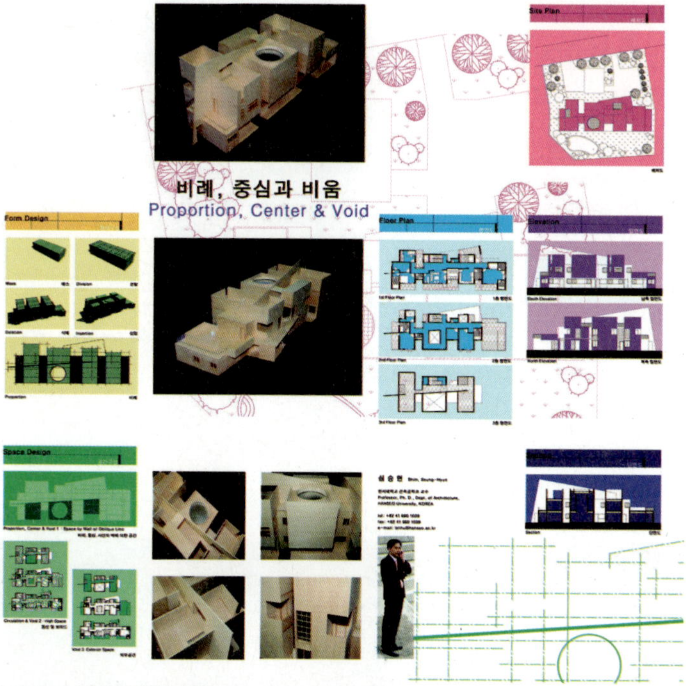

〈그림 6-49〉 패널 사진

〈그림 6-50〉 모형 사진 3

〈그림 6-51〉 예전 패널과 모형

608 사르므으

어릴 때 가훈(家訓)이 무엇인지를 알아오라는 학교 숙제를 받은 기억이 난다. 아마도 모든 사람에게도 그런 기억이 있지 않을까? 대학 때 나는 누군가 내게 가훈을 물어본다면 답을 해줄 수 있는 것이 무엇일까 생각했었다. 하나의 낱말로 던져줄 수 있었으면 좋겠다는 생각을 끊임없이 했었다.

또한 건축설계를 전공하는 대부분의 학생들은 '누군가가 졸업 후에 입사하기를 꿈꾸는 유명한 사무실'을 소유한 건축가가 되는 꿈을 갖기 마련이다. 그리고 이 과정에서 건축을 전공한 사람이면 내 사무실이 있다면 그 이름을 뭐라 할까? 하며 그 이름을 지어보려고 많은 시간을 보내곤 한다. 나 역시도 그랬다. 그 이름에는 누구나 그렇듯이 나만의 철학이 담겨져야 했다. 또한 영어로도 잘 바꿔서 표현될 수 있어야 했다.

나는 이러한 생각들에서 낱말을 찾고자 했는데, 한글을 자음, 모음으로 분해하여 이름을 짓는 것에 자연스럽게 다가갔다. 그래서 나온 것이 '사르므으'이다. 나의 그간 기억을 되돌아보면 한글에 의한 놀이는 이것이 관계가 있다고 할 수 있다.

'사르므으'는 삶, 사랑, 사람의 자모음을 해체한 후에 다시 합쳐서 만든 나만의 낱말이다. 그렇기에 보통 사람들이 단 한번만 듣고서 그 의미를 알기는 그리 쉽지 않다. 다만, 많은 의미가 담긴 낱말이라는 것을 말해주고 나면 다른 사람에게 퍼즐을 하나 풀어 준 것과 같아 나 혼자만의 뿌듯함이 생기곤 했다.

'사르므으'는 내가 주체가 되는 **삶** 속에서, **사람**을 대상으로, **사랑**을 가지고 살겠다는 선언적인 낱말이다. 영어로는 부르기 좋게 단어를 선정하여 lolihu(love, life, human)로 지었다.

왜 많은 낱말 중 삶, 사람, 사랑을 선택했는가? 우선 '**삶**'을 설명하기 위해 대비된다고 생각하는 '환경'을 먼저 설명해보고자 한다. 나 혼자만 느껴지는 것인지는 모르지만 누군가가 환경이라는 말을 사용할 때 나 자신을 뺀 나머지를 대상으로 이야기한다는 것이다. 즉 환경이 저해되었다는 부정적인 신문기사에서 환경을 말할 때 자기 자신은 쏙 빠지며 남만을 탓하게 된다.

이것은 문제가 있다고 보았다. 무엇이 문제인가 하면 내 자신이 들어가지 않으며, 그럼으로써 어떤 문제에 대해 능동적 해결 방법을 찾지 않고, 내가 책임을 지지 않고, 남 탓만 하게 되기 때문이다.

예를 들어보자. 횡단보도에서 초록불이 아닐 경우 건너지 말아야 된다는 것은 누구나가 다 안다. 그럼에도 불구하고 이를 지키지 않는 다른 사람에 대해 비난하며 교통 '환경' 개선을 촉구하곤 한다. 그러나 중요한 것은 다른 사람이 지키지 않는다고 비난하는 것보다 **내 주체의 삶을 사는 것 자체부터 시작해야 할 필요**가 있다. 다른 사람들이 지키지 않더라도 나부터 솔선수범하여 자신만이라도 지키려고 노력하는 것이 환경을 개선하는 데 가장 중요한 첫걸음이며, 능동적인 해결인 것이다. 다시 말해 내 자신이 주체가 되어 이끌어지는 환경을 '**삶**'이라고 보았다.

'**사람**'은 무엇인가를 할 때 **대상**으로 삼겠다는 의미이다. 건축을 함에 있어 무엇보다 사람을 대상으로 바라보고, 사람을 보다 깊이 생각하며, 사람에게 필요로 하는 건축을 하겠다는 의미이다. 여기에 한 가지 더 의미를 붙인다면 '불완전자'라는 의미이다. 완전자는 신이다. 이와 상대되어 사람은 무언가 완전하지 않다. 즉 장애는 누구에게나 있으며, 보이지 않은 장애와 보이는 장애 또는 신체적인 장애와 정신적인 장애의 차이만 있을 뿐 누구나 장애를 가지고 있다는 전제의 의미이다. 그렇기에 **서로 돕고 살아야 된다는 의미도 담겨져** 있다.

'**사랑**'은 사랑이라는 것을 바탕으로 모든 일을 실행하겠다는 의지를 나타낸 것이다. 건축을 함에 있어 사랑이라는 도구를 가지고 또는 사랑이라는 필터를 가지고 대상을 바라보겠다는 뜻이다. 그리고 사랑이 돌고 돌려면, 주는 사람이 있고 받는 사람도 있어야 한다. 보통은 우리가 주는 사람이 되자고 하며 주는 사람에게만 관심을 갖게 마련이다. 그런데 받는 사람이 없다면 사랑이 돌고 돌 수 있는가? 이에 따라 받는 사람이 당당해질 필요가

〈그림 6-52〉 사르므으는 삶, 사람, 사랑의 한글 자음과 모음을 분해한 후에 다시 합쳐 만든 글자이다.

있다. 장애를 갖던 안 갖던 이 세상에 함께 태어났다는 의미만을 가지고 '사랑'을 해보자는 것이다.

그런데 이곳에서 말하고자 하는 핵심은 이러한 '사르므으'의 의미를 밝히는 것이 최우선이 아니다. 최우선은 한글 자모를 분해하여 '사르므으'라는 낱말을 만들 생각을 했다는 점이다. 이름을 하나 만드는 데 여러 가지 의미뿐만 아니라 한글의 자음, 모음의 형태에 주목했다는 것이다.

왜냐하면 '사르므으'라는 낱말을 만듦은 'ㄱ놀이'라는 사고를 하게 되는 나의 사고 형성에 점점 다가가게 된 하나의 단계였으며, 실마리로 작용되었다고 생각되기 때문이다.

609 나비효과

나비효과라는 말이 있다. 나비효과는 기상관측한 데이터를 통해 처음 언급된 것으로 알려져 있다. 어떤 일이 시작될 때 있었던 아주 조그마한 차이가 결과로 이어지는 시점에서는 매우 큰 차이가 날 수 있다는 이론이다. 중국 북경에 있는 나비의 날개 펄럭임이 다음 달 미국 맨해튼에 폭풍을 발생시킬 요인이 될 수 있다는 것을 예로써 많이 설명하곤 한다.

다시 말해서 자그마한 변화가 원인이 되어 엄청나게 큰 변화라는 결과로 나타날 수 있다는 것을 의미한다. 오늘날 전 세계가 매스컴, 디지털의 혁신적인 진화로 정보의 흐름이 매우 속도가 빠르게 흐르면서 어느 나라의 어느 장소의 미세한 움직임이 순식간에 전 세계적으로 확산되는 것으로 배경을 설명하고 있다.

옛날 중학교 미술시간에 있었던 하나의 추억을 꺼내려 한다. 수업 중에 부여되었던 어떤 과제를 내가 어떤 일로 인해 못해가는 바람에 다른 방식으로 아이디어를 내어 〈그림 6-53〉과 같은 방식으로 과제를 해서 제출했다. 그런데 이 과제는 그 당시 미술 선생님으로부터 교단 앞으로 불려나와 엄청 칭찬을 받은 작품이었다. 아이디어가 좋다고 하였고, 그 당시 미술 점수도 상당히 좋게 받

〈그림 6-53〉 옛 기억을 떠올리며 아이들과 다시 작업해 본 그림

았던 기억이 있다. 그 당시의 이 그림이 바로 내가 'ㄱ놀이'라는 것을 만들게 된 아주 작은 씨앗이 되었던 것은 아닐까 생각해본다. 〈그림 6-53〉은 옛날 추억을 떠올리며 나의 아이들과 만들어 본 것이다.

또한 이러한 경험은 내 가슴 속에 남아 내 아이들에게, 내 제자들에게 되도록이면 다양한 경험과 많은 칭찬을 해주어야겠다는 다짐을 하곤 한다. 나의 어떤 작은 행동으로 인하여 그들의 가슴에 좋은 씨앗이 심어질 수 있겠다는 생각을 하기 때문이다. 그것이 지금은 나에게 가장 중요한 교육철학의 하나로 자리 잡고 있다.

'ㄱ놀이'가 탄생하게 한 작은 씨앗이었을지도 모를 추억 하나를 소개하는 것으로 이 책자를 마치고자 한다.

한글과 건축이 만나다

건축과 ㄱ놀이

2016년 9월 20일 1판 1쇄 인쇄
2016년 9월 25일 1판 1쇄 발행

저　　자 심 승 현
발 행 인 강 해 작
발 행 처 기 문 당
주　　소 서울특별시 성동구 무학봉28길 4-1
전　　화 02)2295-6171(代)~5
팩　　스 02)2296-8188
출판등록 1976. 10. 7(1-44)
홈페이지 http://www.kimoondang.com
http://기문당
I S B N 978-89-6225-737-3 03600
정　　가 15,000원

검인생략

이 도서의 국립중앙도서관 출판시도서목록(CIP)은 서지정보유통지원시스템 홈페이지
(http://seoji.nl.go.kr)와 국가자료공동목록시스템(http://www.nl.go.kr/kolisnet)에서
이용하실 수 있습니다.(CIP제어번호: CIP2016021952)